U0030709

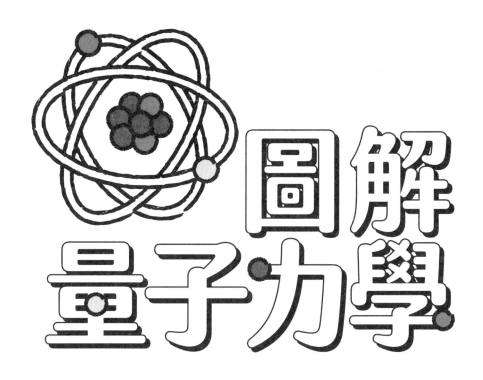

圖解量子力學

シュレ猫と探索する 量子力学の世界

椎木一夫 著　朱麗真 譯

前言

　　我是一隻貓，我的主人是理論物理學家薛丁格，所以人們叫我「薛丁格的貓」。有些人不知道是太忙，還是太懶，也叫我薛小貓。算了，怎麼叫都行。我現在住在量子國裡，常常懷念躺在母親溫暖懷抱中聽到的古典力學故事，像是……

　　什麼？大家比較想知道我現在待的這個國家的故事？可是在那之前，先聽我講一些以前的故事吧。

　　我會來這個國家，是因為遇到了普朗克先生。那是一百年前的事囉。那天，他從鼓風爐附近的舊建築走出來，一邊逗著我玩，口中一邊唸唸有詞地說：「還是搞不懂光子啊。」沒想到他的這句話後來引發了很大的影響，讓我踏上了遠赴量子國的旅程。

　　量子國是一個不可思議的地方。我最喜歡吃鯖魚了，主人每天都會為我買兩條魚，我總是吃得精光。但是早餐吃一條魚嫌不飽，吃兩條又消化不良。在量子國裡，似乎不賣 1.7 條魚。母親說以前還有賣 1.7 條魚的小販呢，所以數位世界還真是傷腦筋啊。

　　有一天發生了這樣一件事：我跳上一堵磚牆，並朝主人房間開了小縫的窗戶跳了進去，沒想到我真的穿過了不可能穿過的細縫，進到主人的房裡。原來我是貓，同時也是波啊！

　　又有一天我出門散步，發現稍早還在一起玩耍的光子正坐在公園的長椅上。她將我抱起放在膝上，安靜地摸著我的頭。我舒服地微閉眼睛。輕輕抬起頭，又看到光子從遠處走來。玻色家的小孩都長得一個模樣，完全分不出誰是誰，實在令人困擾。

　　在這個國家連做的夢都很奇怪喲。我總是夢到遠方還有一個我，就像照鏡子一樣。我舉起右手，對方也會舉起左手；靠

近看，就感覺有一股力量要把我拉近。還來不及說完「你是誰？」「我是反薛小貓」的對話，我們就合而為一，變成光，然後消失，接著我就醒了。

研究這個奇妙國家的我家主人很辛苦喔。

有一陣子我的主人生病了，我聽到前來探病的波耳先生與主人的對話。「波動函數表現的是實體。」我的主人這麼說。「別開玩笑了，波動函數表現的是機率，我們哥本哈根學派的人都是這麼認為的。」波耳先生說。然後，蹲坐在病房角落打瞌睡的我，突然就被主人一把拎起，放進一個箱子裡。

他們要做那個猜測箱子打開時，我是生是死的實驗。波耳先生說箱子打開的瞬間，我會是半生半死的狀態，我家主人則爭辯說不可能有那種狀態。最可憐的就是我了，他們都不在乎我的感受。不過多虧了這個實驗，讓我的名氣大增。

雖然不可思議的事情一籮筐，但是我在量子國裡可是過得很舒適，還打算待久一點。那麼，現在就讓我來為您介紹這個國家吧！

薛小貓的代言人　椎木一夫

跟薛小貓一起探索
量子力學世界

Welcome

1章 不問 Why，問 How

2章　先來看光的問題

3章　波與粒子的二元性

6章 量子力學的奇幻世界

7章 悖論

10章　原子的世界

11章　相對論量子力學

12章 現代煉金術

1

不問Why，問How

在進入量子力學的世界之前，讓我們先簡單複習比量子力學更早被創造出來，與日常生活有緊密關係的古典力學。古典力學主張因果論，認為只要賦予一個最初狀態，之後所有可能的結果都可以藉由計算得出。

1 從日常世界進入量子力學的世界

　　本書要帶大家一探奇妙的量子力學世界。二十世紀初發展出來的量子力學研究的是原子、電子、光等微觀世界。為什麼不稱這個學問體系為「量子物理學」，而要說是「**量子力學**」呢？這可能跟物理學企圖以「包括運動定律在內的力學概念」來解釋這個世界有關。

　　量子力學當中有很多部分與我們的常識矛盾。但是，藉由量子力學又可以解釋許多牛頓力學無法說明的事實，因此量子力學被認為是「截至目前為止仍屬正確的理論」。所以學習量子力學的第一要務，是不能被既有的常識所束縛。

　　讓我們思考科學是如何進步的。首先，人們會觀察到許多現象，推測可以如何解釋並建立**假設**。例如觀察太陽與火星的運轉，建立起「天體繞著地球運轉」的假設。大部分人以眼見為憑，把它當作常識就不再深入思考。只有極少數謹慎的人，會根據假設來設計實驗加以計算，並比較預測的結果與實際觀察的結果。也就是在天體繞行地球的假設下，預測天體未來可能出現的位置，然後調查預測的結果與每天仔細觀察的結果是否一致。若結果相符，假設就成為定律，倘若不符，就必須重新建立別的假設，例如「地球與火星繞著太陽運轉」，然後再預測天體位置，研究預測與觀察結果是否吻

叫「量子物理學」不就好了嗎，為什麼是「量子力學」呢？

○古代的世界觀

世界是平坦的，有太陽的白天與有月亮和星星的夜晚圍繞著地球。世界有盡頭，海水流向盡頭處。

地球不動，太陽與
星辰繞行地球。

合。一旦吻合，就能變成定律。只有通過重重考驗的假設才能成為**定律**。不過，最初大多數人無法理解這樣的定律，就會認為這些少數人是惡意散布謠言，並且想對他們施以刑罰。

　　初窺量子力學世界的人，說不定都想將發展出量子力學的物理學家們處死。但是，一定要忍耐，因為只要建立起定律，就可以利用定律預測未知，這是創造物理定律的最大好處之一。我們從量子力學的定律預測到各種現象，才能享受現在的舒適生活。即使無法理解量子力學，也要感謝它帶來的好處。諸如半導體、個人電腦等，可都是應用了量子力學喔！

2 古典力學的勝利

　　要談量子力學之前，先來複習古典力學的成功。古典力學由伽利略（Galileo Galilei）、克卜勒（Johannes Kepler）、牛頓（Isaac Newton）等人發現，並整理成運動定律。身兼數學家、天文學家、物理學家於一身的牛頓，除了觀察蘋果從樹上掉落而發現**萬有引力**外，還發現了許多其他運動定律，我們可以將他的發現整理成三個運動定律。

　　這些都是我們非常熟悉的定律，但是在當時卻被認為是胡說八道。像是**慣性定律**，就跟亞里斯多德「要維持連續運動需要力」的學說背道而馳。亞里斯多德的學說與事實吻合，因為大家都體驗過馬不拉動車，馬車就會停止的事實。運動會停止是因為摩擦的關係，在沒有摩擦的理想條件下，慣性定律成立，這對當時的人們來說，是一項嶄新的思考。

　　牛頓以自己發展出

只要告訴我初始狀態，我就能知道結果喔！

●**牛頓定律**
① 在不施加外力的狀態下，動者恆動、靜者恆靜。
② 對物體施加力量會產生加速度，力量與加速度成正比。
③ 相對於作用力，會產生大小相等、方向相反的反作用力。

●有人說所謂的「經典」，就是大家都知道它很重要但卻從來不讀的著作。比方經濟學的經典大作《國富論》和《資本論》，以及牛頓的《自然哲學的數學原理》，你都讀過了嗎？

來的微積分，將這些定律做了數學歸納，有邏輯地指出「只要賦予初期條件，之後的變化可以用微分方程式加以確定」。古典力學最大的成就是讓人們相信，所有的自然現象都可以用科學加以說明。這樣的自信來自古典力學所賦予的因果論，認為只要決定某個瞬間的位置與速度，就可以知道之後的所有運動情形。

　　一枚瞄準目標發射出的火箭若射偏墜落，沒有人會怪罪古典力學，大家會認為是發射技術出了問題，只要有足夠的時間與金錢，一定能夠發射成功。量子力學的誕生，有很大部分承襲自古典力學的因果論，但是當我們越了解量子力學，越會發現成形之後的量子力學並不適用於因果論。

亞里斯多德的解釋在現實世界 OK

摩擦

理想世界　停不住！

滑溜溜

●愛因斯坦曾說：「宇宙最不可理解之處，就在於它是可以理解的」。

除了牛頓的運動定律外，早在量子力學被發展出來之前，人們已知電與磁的存在。很早以前人們就知道，激烈摩擦過後的琥珀能夠吸附質輕的物體。有些岩石會吸附鐵，利用磁石製成的羅盤是航海時所不可缺的。不過，在英國女王伊莉莎白一世的御醫吉伯特（William Gilbert）開始研究電與磁之前，這方面的研究幾乎沒有進展。稍晚，美國政治家、外交家，也是科學家的富蘭克林（Benjamin Franklin）以那有名的風箏實驗，證明打雷是一種電的現象。十八世紀後半，法國的庫侖（Charles Augustin de Coulomb）測量出不動的電（即靜電）之間的力量，導出非常類似萬有引力定律的**庫侖定律**。

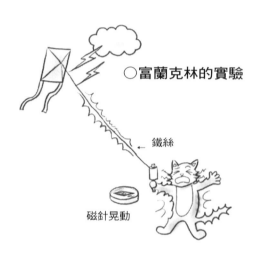

○富蘭克林的實驗

鐵絲

磁針晃動

庫侖定律

萬有引力定律

電量 m_1　　電量 m_2　　重量 m_1　　重量 m_2

距離 r　　　　　　距離 r

$$力 \propto \frac{m_1 m_2}{r^2}$$

之後有關「動電」的研究在產業界引起革命。最早製造出動電（也就是電流）的是以伏特電池聞名的英國人伏特（Alessandro Volta）。他用浸過酸性

●千萬不要以為風箏實驗很簡單就輕易嘗試，那可是很危險的。

溶液的布隔開銅（Cu）與鋅（Zn）的圓片，多重交疊製造出電池，並使用該電池產生的電流熔融金屬。當時的民眾認為電流中藏有偉大的力量，甚至相信電流有治療眼盲的效果，而讚揚伏特的研究。

○伏特的電池

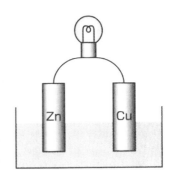

接著，丹麥的科學家厄斯特（H. C. Ørsted）發現電流會使鄰近的磁針晃動，首次證實「電與磁之間有密切關係」。法國索邦大學（La Sorbonne）的天文學教授安培（A. M. Ampère）從厄斯特的實驗結果推想，磁石是內含許多微小電流的物質，並用實驗證明兩股的電流與磁石一樣，會相吸或相斥。英國的法拉第（Michael Faraday）逆向思考，成功利用磁力製造出電流。經過這樣的過程演變，誕生出今日人稱「電磁學」的物理學問。我們生活中不可或缺的電流，便是由根據**法拉第定律**所建造的發電廠產生的。但是人們對電與磁的本質真正理解，還是要等到量子力學發展出來以後。不過，當時法拉第憑藉其優越的物理直覺，指出磁石與磁石之間力的作用，是由實際存在空間、但肉眼看不見的磁力線所引起的，很令人驚訝的是這個想法已經包含「**場**」的概念了。之後，「場」的概念被狄拉克（P. A. M. Dirac）等人發展成相對論量子力學。

○法拉第定律
在線圈中移動磁石會產生電流。

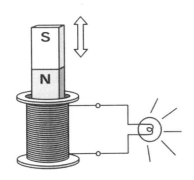

4 把牛頓力學踢到一邊去

　　牛頓所代表的古典力學在發展之初，對當時的普羅大眾而言是非常難理解的，因為牛頓所發現的慣性定律、加速度定律，作用與反作用定律中的「力」、「加速度」、「反作用力」等都是非常抽象的概念。

　　但是只要一腳踢開靜止的足球，就可以理解慣性定律的成立。球最終會停下，那是因為有摩擦力的作用。而加速度與力的關係可以在突然加速的汽車內（在古代就是馬車）感覺到（加速度定律），徒手拍牆會痛是作用與反作用定律中的「反作用力」存在的證明。古典力學雖然難懂，仍是可以憑直覺理解的學問。

　　那麼，量子力學又是如何呢？量子力學可以成功解釋原子、電子等的微觀世界，但是，大多數的定律都是以微分、積分、矩陣等難懂的數學式表示，很難用直覺去理解。加上微觀世界的實驗結果（原子的世界）幾乎無法用肉眼看到，很難實際去感受，我們只能想像微觀世界，可是所得的結論又跟我們習慣的感覺不一致，因此很難激起共鳴，總給人艱深的感覺。

　　古典力學在我們居住的普通世界中幾乎完全成立，所以靠直覺可以簡單計算的古典力學，要比難懂且計算繁複的量子力學有幫助。因此，雖然有科學家主張量子力學才是正確的，但並非就完全不再需要牛頓的古典力學。這就像雖然地球是圓的，但是沒有必要將地圖畫在球面上一樣。平面的地圖雖不嚴謹，但是方便攜帶、易懂，對我們很有幫助。在建造高樓大廈、高速公路、汽車與飛機時，懂得古典力學已經足夠，還不需要動用到量子力學。

　　那麼是不是就不需要懂量子力學了呢？不是這樣的。個人電

腦的 CPU 以及記憶資訊的硬碟等，應用的都是原子、電子等微觀世界的概念，在設計時都需要運用量子力學。

32 位元的 RISC 微處理器（富士通製）

埔里附近的日月潭是在……

平常平面地圖已經夠用！

真要嚴謹標示的話，我們需要一個非常大的地球儀。

雖然不是非常精確，但是平面地圖比較實用！

5 | 不問 Why，問 How，然後是 What

下一章就要正式進入量子力學的世界，在那之前，要先澄清讀者們對物理學的誤解，請不要以為物理學是解答「為什麼」的學問。物理學並不一定能解開真相，我們也不是非要知道真理不可，追求真理也不能到達神的領域。

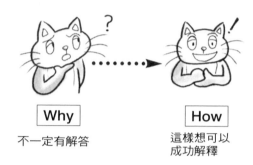

Why
不一定有解答

How
這樣想可以
成功解釋

物理學可以解答「為什麼」嗎？

量子力學認為，光與電子是波，同時也是粒子。為什麼呢？答案是……不知道。在量子力學裡，同種粒子彼此是無法分辨的。為什麼呢？理由也是……不知道。勉強要回答的話，是因為這樣便可以成功解釋許多的現象。這個答案或許出人意外，但是物理學確實無法回答我們提問的 Why。

另外，物理學也使用複雜的語言，以不同的說法來解釋同一件事情的某一面。就好像我們並不否認「場」是重要且有用的概念，但是物理學好像把所有無法解釋的現象全都推給了

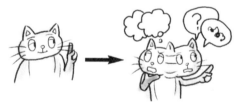

簡單的原理   可解釋複雜古怪的現象

在物理學中，Simple is the Best！

「場」。不過，變換說法有助於統一歸納事物、激盪出新發現，從這個角度來看，也是有其意義的。

由於麥士納效應（Meissner effect），
超導體物質會懸浮於磁鐵之上。
（照片提供：小林成德）

物理學可以說明從最基本、簡單到複雜的現象，利用少數的假設理解多數的現象。原子、電子，乃至於鐵塊、氮氣等外表完全不一樣的事物，都可以運用統一的理解。定律誕生自統一的理解，只要知道定律，便可以利用定律預測新的現象。就算無法發現真理，善用物理學對我們也是非常有幫助的。

除了追問為什麼，學習量子力學更重要的是知道如何善加利用。因為有量子力學，我們的世界變得更豐富。個人電腦、行動電話、電視、錄影機、電鍋等所使用的大型積體電路（LSI, Large Scale Integrated Circuit）受到量子力學的支配，超導體、核融合等省能源技術，也都是量子力學的應用。

○應用量子力學的產品

但是，未來我們不能只滿足於 How，更要追求 What。二十世紀後半以來，日本致力於大量製造價格低廉的歐美發明產品，並成長為經濟大國。然而，如今已經沒有任何國家可以告訴我們該要製造什麼了。未來日本需要的是 What to make，思考將量子力學應用在何處才是要緊的事。

Column 1

量子力學的價值觀

法國天文學家拉普拉斯（Pierre-Simon Laplace）曾經提到，我們只要清楚所有的力學定律，在給定的某個瞬間，知道存在於宇宙中的所有物體的位置與速度，便能清楚宇宙的過去、現在和未來的所有一切。古典力學的牛頓運動定律讓人產生這樣的錯覺。

古典力學讓人們相信所有的自然現象都可以用科學解釋，相反的，這也讓人們失去夢想，因為在宇宙開始的那一刻，我們已經可以算出宇宙何時滅亡。量子力學則為這種因果論畫上休止符。稍後我們將提到，量子力學只能以機率預測結果，因此，量子力學為人類帶來希望，不管現在如何晦暗，未來仍有機會成就彩色人生。

因果論似乎是許多人所抱持的人生哲學，相信在因果的作用下可以獲得某個確定的結果。因此在量子力學創立之初，許多人對它的機率說這個基本原理不甚滿意，因為古典力學的基礎原理是可確定的決定論。雖然在（古典）統計力學中曾出現機率的探討，但那是因為我們對於多粒子系統沒有足夠的資訊，為了討論現象而不得不使用的手法，並非要否認因果論。為此，不滿量子力學機率說的人，甚至嘗試將量子力學回歸到古典力學的解釋，不過至今仍未成功。

小時候，我們都被教導「努力必得回報」，但是換成量子力學的說法則是「努力後獲得回報的機率增加」。事實上踏入社會後，我們會發現量子力學比較實際，必得回報是幻想、願望，每個大人都知道雖然不一定有回報，但還是要努力。

2

先來看光的問題

被認為完美無缺的古典力學還是有無法解釋的問題，那就是與光有關的問題。最初以為只要稍作修正便可以獲得解決，結果卻換來古典力學被徹底顛覆、量子力學與相對論誕生的結果。

1 | 古典力學的破綻來自光的問題

　　牛頓力學與法拉第等人所建立的電磁學，是量子力學誕生之前人類所獲得的重要珍寶。十九世紀末，人們以為宇宙的基本法則已經全被發現，甚至有人說「物理學家未來的工作只在提高已知結果的精確度而已」。

　　但是在平靜的古典力學國度裡，卻因為實驗結果而發生了兩樁小小的爭執，進而演變成為大型爭戰。最初以為這些小爭執可以透過討論簡單地解決，沒想到得動用量子力學與相對論這兩個從根本顛覆古典力學（牛頓力學）的全新理論。

　　古典力學的破綻始於與光有關的實驗，其中之一是量子力學誕生契機——**黑體輻射問題**（參照本章第 3 節）。很久很久以前，人們以為光是一群又小又硬的粒子沿著光線的方向移動所形成的，但是十九世紀末荷蘭的惠更斯（Christiaan Huygens）提出光具有波的性質，從此，「光是一種波」的觀念成為主流。不過，這兩種見解都不盡正確。黑體輻射的問題讓人們知道光必須遵循量子力學，同時具有「波與粒子的雙重特性」。

　　另外一個破綻是有關光速的問題。地球以每秒三萬公尺的高速繞太陽公轉，而光速為每秒三十萬公里，所以地球是以「光速的萬分之一」的速度在運轉。如此一來，沿著地球運轉方向行進的光速每秒應比實際快三萬公尺，而相反方向的光速則每秒會慢三萬公尺。

　　這是古典力學的思維。十九世紀的物理學家們認為「在一個絕對靜止系統中，不論朝任何方向行進，光的速度都相同。在絕對靜止系統上看正在運動的物體，光速會產生變化」。美國的邁克生（Albert A. Michelson）與莫立（Edward W. Morley）兩人

進行實驗,讓光朝相反方向來回移動相同距離,並比較所需時間,企圖從光速的變化算出地球的絕對速度。為了測量些微的時間差距,他們在實驗裝置上加入

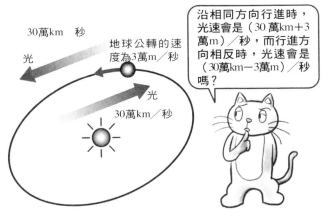

許多巧思以提高精確度,大概可以測量到萬分之一左右。但是在 1887 年的實驗中並無法量測到任何時間差,當時以為是裝置不夠精密,於是又再度提高精密度,反覆實驗,只是到目前為止還是無法測得光速上的變化。

對當時的物理學家而言,測量不出時間變化是一大打擊。為什麼無法發現差異?到底要如何解釋才合理?為了解決這個問題,愛因斯坦提出**光速不變原理**,指出「光速是固定的,與觀察者和光源之間的相對速度無關」,並由此導出特殊相對論。

○邁克生─莫立實驗

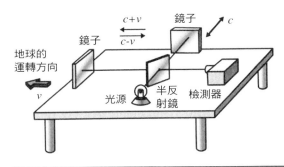

2 量子力學一開始是產官學界的共同計畫？

工業革命始於十八世紀後半擁有豐富煤、鐵等資源的英國，接著延燒到十九世紀的法國、美國，以及之後的德國與日本。由於鼓風爐劃時代的進步，因而發展出大規模的鋼鐵工業。為紀念巴黎萬國博覽會而建造的艾菲爾鐵塔，可說是鋼鐵時代的象徵。德國擊敗法國後，占領了阿爾薩斯（Alsace），從此舉國投入振興鋼鐵業，就是著眼於阿爾薩斯盛產煤礦，可與鐵礦共同投入鼓風爐煉鐵。

為了製造高品質的鐵，得要正確控制鼓風爐的溫度，但是在當時沒有可以用來測量熔鐵那幾千度高溫的設備，完全得仰賴有著長年工作經驗的工人，從爐內熔化的鐵的顏色來判斷溫度。或許有讀者已經知道，利用銲槍加熱物體時，物體會先變紅發光，隨著溫度的增加，光度增強炫目，同時顏色也由紅轉為藍白色。

想當然的，產業界會希望在不倚賴經驗與直覺的情形下知道正確溫度，以大量製造品質良好的鋼鐵。為了滿足這樣的需求，許多物理學家投入這方面的研究，特別是德國聯邦物理技術研究院（Physikalisch-Technische Bundesanstalt）獲得很大的成果。他們根據實驗找出了「加熱到某個溫度的物體會發出多少程度的何種

巴黎萬國博覽會與艾菲爾鐵塔（1889 年）。使用總重量約一萬公噸的鋼鐵，高度320公尺，是當時世界最高的建築物。

（照片提供：American Photo Library）

光」。用現在的語言來說，這是產官學界的共同努力所成就的耀眼結果。

但是，這項實驗結果卻無法用十九世紀末建立完成的古典力學加以說明。英國物理學家雷利（John William Strutt Rayleigh）與德國的韋恩（Wilhelm Wien）做了許多假設，理論導出了光的顏色與強度之間的關係，但是卻與實驗事實完全不符。雖然根據實驗結果還是可以量測鼓風爐的溫度，但是說不出個道理，便無法確知該結果是不是能普遍成立，也就無法安心使用。

這個問題在物理學上被稱為「黑體輻射問題」（參照下一節），困擾著十九世紀末的物理學家們。但也正是這方面的研究催生了量子力學。黑體輻射是學習量子力學必須要面對的第一道關卡，我們將在下一節試著說明。

　鼓風爐指的是可以熔化金屬礦石，提煉金屬的爐。
　在煉鐵用的鼓風爐中投入鐵礦與焦煤等並送進熱空氣，就可以製造生鐵，因為鼓風爐高度有幾十公尺，所以也被稱為高爐。
　十九世紀，英國發明利用蒸汽機送進熱空氣的方法，使大量生產變得可能。生鐵中含碳等許多雜質，又硬又脆，可以利用轉爐熔化生鐵再吹入氧氣，就可以變身為雜質含量少的鋼鐵。

熱風

3 黑體輻射問題

　　古典力學所不能解釋的代表性問題之一是**黑體輻射問題**，即「加熱到某個溫度的物體會輻射出什麼顏色的光」。物體一旦帶有顏色，研究條件會變得較為複雜，因此要以可以完全吸收任何光的黑體（完全黑體）為研究對象。不過，這個問題雖然被稱為黑體輻射問題，但其實是鼓風爐問題。

　　可能有人已經知道什麼是完全黑體，第一次聽到這個名詞的人覺得它是怎樣的物體呢？我們可以在鼓風爐上開個小孔，人工製造完全黑體。自小孔射入的光會被黑色的爐壁吸收，即使未被完全吸收，也會在被反射的過程中逐漸被吸收。光幾乎沒有機會從同一個孔中再溢出到外部，因此可以視為完全黑體。加熱此爐，會有各種顏色的光自爐壁被輻射到爐內，所有的光都被爐壁反射、吸收、吸收、反射，最後達到協調狀態。我們可以從爐身的小孔觀察到黑體所輻射出的光，右圖是實驗結果。

　　英國物理學家雷利假設光是波，要用古典

○黑體輻射問題

光ν

溫度 T

加熱到某個溫度的物體會輻射出什麼顏色的光？

古典力學的解答：雷利公式

$$U(v)dv = \frac{8\pi kT}{c^3} v^2 dv$$

● 「ν」讀作「New」。

力學解釋完全黑體。他認為光就像吉他的弦在爐中振動，而各個振動的頻率會分配到相同的能量。分配給構成某種現象的自由度相同動能，即所謂的**能量均分定律**，這是波茲曼（Ludwig Boltzmann）的重要貢獻。圖中是雷利的計算結果與實驗結果。

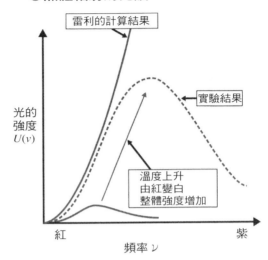

○**黑體輻射的光譜**

雷利的計算結果

實驗結果

光的強度 $U(v)$

溫度上升
由紅變白
整體強度增加

紅　　　　　紫

頻率 v

光的顏色隨頻率改變，橫軸的頻率 v 指的是紅、藍等顏色的光，從圖中可以看出光有多強就有什麼顏色被輻射出來。如圖所示，在低頻率的範圍內，雷利的計算結果與實驗結果相符，但是頻率變高時則完全不相符。這是可以預見的，打從一開始，雷利的公式就不切實際，這可以很清楚地從他的計算結果看出來，因為高頻率的成分怎麼可能不受溫度影響，而急速增加到無限大。

在惠更斯提出光具有波的性質的十九世紀，主流觀念認為「光是一種波」，無怪乎雷利會根據這樣的假設做出計算。但是利用波的概念來解釋光，似乎不是很恰當。

4 何謂波？

　　前面提到「利用波的概念來解釋光，似乎不是很恰當」，到底什麼是波呢？看拍打岸邊的海浪，可以發現海面上上下下地朝岸邊擠來，水的上下運動所表現出的振動感覺就是波。我們感覺水朝橫向移動，但實際並非如此。波的傳播是振動的傳播、能量的搬運，介質（水）本身並沒有移動。

　　波有幾個量。首先是波的大小。一般取波峰與波谷的距離除以二，即以振幅來表示。另外，波的上下振動（即週期現象）以頻率與波長來表示。頻率是指一秒內發生的振動次數，以希臘字母的 ν 表示。我們說「廣播電台頻率 960 千赫」，意思是說電台正在傳播每秒振動 960 千次（＝ 960 × 1000 ＝ 96 萬次）的電波。赫是頻率的單位，代表每秒的振動次數。

　　波在空間上的分布也有週期性。兩個相鄰波峰之間的距離總是相等，這個距離被稱為波長，用希臘字母中的 λ（lambda）表示。因此可以分別用頻率 ν、波長 λ 表示波的時間與空間的特徵。波在一次的振動時間裡只能移動一個波長的距離，所以一秒鐘傳遞的距離，即速度（v）是頻率與波長的乘積，v ＝ νλ。

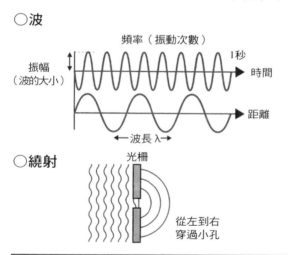

○波

振幅（波的大小）

頻率（振動次數）

1秒

時間

距離

←　波長λ　→

○繞射

光柵

從左到右穿過小孔

波有繞射與干涉的性質，繞射指的是波繞入障礙物隱蔽處的性質。在水波的行進方向上放置有開孔的屏障，發現通過開孔的波會進到屏障的內側，感覺像是

○干涉

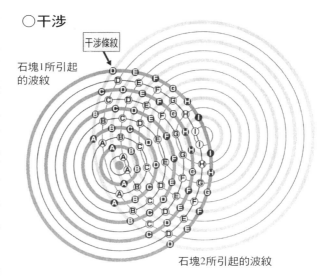

干涉條紋

石塊1所引起的波紋

石塊2所引起的波紋

在開孔處產生了同心圓形的波。

只有一個開孔時，現象如上述般單純，但是當開孔有兩個、三個時會變成如何？兩個同心圓形的波相會，會發生相長、相消的現象，這就是干涉。試著將兩個石塊投向相鄰的水面，兩個同心圓形的波開始擴散。兩波相會後，會看到波峰與波峰相長而上下大幅移動的部分，以及波峰與波谷相消而幾乎不動的部分，強弱交替，呈現出以落石處為焦點的雙曲線條紋。

光也跟水面的波一樣有繞射與干涉的性質。用開有細縫的板子遮光，可以觀察到繞射現象。在板子上做出兩道細縫，通過各道細縫的光彼此干涉，這可以從照光的牆壁上出現的條紋模樣得知。另外，我們會使用頻率來描述光在一定時間內的振動次數，所以光也是一種振動。這麼看來，光確實是波。

5 | 光是粒子嗎？

　　光到底是什麼？我們的身體感覺到的光是能量，我們甚至可以感受到光的能量大小有所不同。

　　夏天待在高原、海邊，不消三十分鐘就會曬傷、皮膚紅腫，而冬天在雪地滑雪也會曬黑。但是，在房間用紅外線暖爐取暖好幾個小時也不怕曬傷。由此可知，曬傷跟照光的時間，也就是光量無關。

　　曬傷的原因來自紫外線。人類肉眼無法看到紫外線，但它是一種光。用波的語言來描述，它是比紫色光的頻率要再高一些的光。紫外線賦予皮膚能量、引起化學變化，所以會造成曬傷。同樣的，人類肉眼也看不見紅外線，它也是一種光，是比紅色光的頻率略低的光。

　　由此可知，傷害皮膚的紫外線是能量大的光，紅外線則是能量小的光。

　　十九世紀的科學家為了研究光的能量，了解「不同顏色的光照射到金屬箔

○光電效應

① 照射相同顏色、不同強度的光

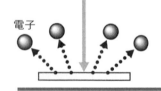

弱的藍光　　　　　強的藍光

電子　　　　　　　電子

←金屬箔→

放出的電子數目不同，
但是能量是一樣的

② 照射相同強度、不同顏色的光

藍光（高頻率）　　　紅光（低頻率）

電子

愛因斯坦（Albert Einstein, 1879-1955）

愛因斯坦是在德國出生的猶太人，十五歲的時候已經自修讀完解析幾何與微積分等高等數學，擁有天生的數學才能。但因為語文不拿手，學業成績並不理想，曾經在大學入學考試中落榜過一次。自瑞士的蘇黎世工業大學畢業後，成為柏恩專利局的技師。在擔任專利技師時期裡，他陸續發表了光量子的假設與特殊相對論等論文。

時，光的能量會使金屬的電子飛出」，紛紛投入**光電效應**的實驗，詳實研究與我們曬傷經驗相同的現象，並得到以下結果：

① 照射光的顏色相同時（相同頻率），不管強度多強，放出的電子能量都是一樣的，不過放出的電子數目會增加；

② 照射光的頻率越高，電子獲得越大的能量，飛出的氣勢就越大。

這兩項摘要與我們的曬傷經驗是符合的。

根據光電效應的實驗結果，愛因斯坦指出，光的能量 E 中有一個基本單位，這個基本單位的量取決於頻率 ν，與 ν 成正比（$E \propto \nu$）。他還提出「光的強度由基本單位的數目決定」的假設。愛因斯坦將這個基本單位命名為**光量子**，因此這個假設又被稱為「光量子假設」，意思是「光由光量子構成，光的強度取決於光量子的數目」。也就是說，愛因斯坦主張「光是粒子」。光不是波嗎？怎麼又成了粒子？到底誰對呢？

● 「$\propto$」是表示「成正比」的記號，其實就是 $E = k\nu$ 的意思。

發掘的才能

對二流的物理研究者來說，一九二○年代是個幸運的時代。當新的研究領域被開啟，總是可以接踵找出有趣的課題。在那個時代，物理學家只要搭上了量子力學的順風車，都能獲得很好的成就。對研究者而言，發現有研究價值的問題，等於完成了80%的研究。

但是要晉身為一流的研究者，除了不斷努力之外，更需要才能。就像音樂家、畫家一樣，只要勤於練習，每個人都能彈一手好琴、畫一幅好畫，或許還能開班授課。但是，要成為能夠帶給人們感動的「一流」鋼琴家、畫家，則需要才能。對研究者而言，才能指的是「發掘有價值的問題的能力」，也就是發掘的才能。發掘的才能（serendipity）的英文字源來自波斯神話「錫蘭三王子」（Three Princes of Serendip）的故事，指的是「發現意外珍寶的能力」。

很多人以為「研究」就是讀書，這是不對的。讀書增加知識只是自我滿足，稱不上「研究」。「研究」是指對真理的探究，光是累積既有知識，並無法讓我們找到新的真理。新的真理的追尋來自一長串不連續思考的過程，而讓這不連續思考的過程獲致成功的能力，就是發掘的才能。

就像為了解釋古典力學無法說明的現象，必須引進全新的思維，因而有量子力學的建立。這個「引進全新思維的能力」就是發掘的才能。所以我們可以了解，科學的進步是前人發掘出的寶物。才能雖然是上天的賜予，但要發掘出我們自己所擁有的才能，並且能夠善用它，則需要努力。參考前人的作法會發現，要發揮發掘的才能，方法之一似乎是對事物經常抱持懷疑的態度，並動腦仔細思考。

3

波與粒子的二元性

要解決光的問題，必須先假設過去以為是波的光，其實是由最小單位（量子）所組成的，也就是光擁有粒子的性質。接著，讓我們看看導出這個假設的普朗克他的想法是什麼。

1 光是波，也是粒子

　　讓我們來做個複習：光有波的性質，繞射、干涉就是很好的例子，但是我們看不到光的實際振動前進，只能感覺光的能量。可能有人會說：「我看過照進黑暗房間的光線」，那並不是光的實體，而是空氣中細微塵埃所造成的光的散射。眼睛看到燈泡發光，其實是燈泡內的鎢絲被加熱所發出的白熱。

○感覺光是？

溫暖的

一個一個的點

跟水一樣抓不住

　　但是從光電效應的實驗，我們知道光的強度大小取決於某個基本單位的數目多寡，而這個基本單位又是由頻率決定的。這個基本單位就是我們所說的粒子，所以光到底是波還是粒子呢？

　　當我們要以既有的知識來理解未曾見過的新事物時，總是會出現這類的問題。就像瞎子摸象，摸到的部位

不同，對象的理解便完全不同。瞎子甲摸到象的尾巴，他說「大象長得跟蛇一樣」，或許因此把大象歸為爬蟲類；瞎子乙摸到象的腿，感覺像棵大樹，可能就說大象是植物。因此，要從一小部分來正確推測整體是非常困難的。

大象是大家熟知的動物，或許不會有這種情形發生，但若換作是未知的宇宙生物，是有可能因為某項性質的研究結果，而將它歸類為植物或是動物，此時就需要針對它到底是植物還是動物進行辯論。萬一辯論不出個所以然，便可以知道這個宇宙生物已經不是用我們的常識所能理解的，就應該說它「既是動物也是植物」。

光是波還是粒子的爭論，就是要在已知的狹隘知識範圍內，理解全新事物的必然結果。後來我們知道光既是波（wave）也是粒子（particle），它具有波粒二元性（wavicle）。光的二元性，就是量子力學的本質。

2 | 自然界的借貸也有基本單位

　　能量看不見摸不著，把它想成是資產可能比較容易理解。資產的形式很多，有現金、土地、房屋、股票、汽車、家具、寶石等。資產的價值會隨社會環境而變化，這裡為了方便說明，讓我們假設現金以外的資產，其價值具有共通性，並且跟現金一樣，可用相同的單位來表示。也就是說，1000 萬日圓的土地跟 1000 萬日圓的汽車有相同的價值，不會隨時光流逝而有所改變。拿出一筆現金購買土地，則剩餘現金與新添購土地的總價值跟原來的現金總價值一樣，資產還是固定不變。

　　同樣的，能量也有很多形式，有用來表示電子從金屬箔飛出的「動能」，以光、熱等形式表現的熱能、光能，還有電能等等。能量可以在不同形式間互相轉換，不論形式怎麼改變，但是

總能量不變,我們稱它為「能量守恆」。

資產有最小單位,在日本是日圓。我們生活在數位的世界裡,拿 100 日圓買 96 日圓的橡皮擦,可找回 4 日圓的零錢,不會有低於 1 日圓的交易。自然界的交易情形也一樣。德國物理學家普朗克(M. Planck)認為,自然界中能量的出入也跟我們生活中的交易一樣,並在 1900 年提出**量子假設**:「頻率 ν 的光被釋放或被吸收時,能量 E 的單位值是 $h\nu$。能量的出入只能是這個單位值的整數倍。」其中,h 是被稱為**普朗克常數**的比例常數,就像日圓是一個貨幣單位。普朗克常數的值隨單位而異,就像用日圓、美金、歐元作為貨幣單位時所出現的匯差,不需要太在意。透過實驗,科學家已推算出普朗克常數的值。在自然界,能量以帶有 $h\nu$ 這個值的光量子為單位,進行能量交易。愛因斯坦提到的光量子(光能量的基本單位),就是這裡的 $h\nu$。

普朗克使用這個假設重新檢視古典力學的能量均分規則,重新找出能量不連續時的分配方法。從數學的角度來說,這是將古典力學所做出的連續量的積分,改為不連續數值的加總。如此計算出的黑體輻射中的光的強度跟實驗結果非常符合,也就是光的能量並非連續變化,而是只允許不連續數值的存在。只要將當時被認為是波(波是流暢連續的存在)的光當作不連續的粒子來解釋,就能夠說明黑體輻射的實驗結果。但是頻率 ν 屬於波的概念,所以普朗克並沒有否定光是波的說法。

●在第 35 頁的邊欄曾寫道:「$E \propto \nu$ 中的 $\propto$ 是成正比的意思」,「看成是 $E = k\nu$ 也行」,把比例常數 k 換成 h 就是 $E = h\nu$。

3 數位世界——量子是什麼？

　　我們的周遭存在有像磚牆般由不連續（各自分開）的磚塊堆疊而成的物體，也有像水一樣看起來是連續的物體。但是更仔細地看，便會發現所有的物體都是由類似磚塊的某種最小單位所組成。以電車鐵軌所使用的鐵為例，將鐵軌對分成兩半（先不管怎麼分的技術問題），每一半都還是鐵，將一半的鐵軌再對分成兩半，如此重複下去，最後會怎麼樣呢？

　　我想大家都已經知道答案了，最後我們會得到「鐵原子」這個基本單位，而無法再對分下去。知道有原子核與電子的人或許會說「還可以再細分呀」，確實可以，只不過再分下去就不是「鐵」了。所以，似乎世界上所有物質當中都有「基本單位」的存在。

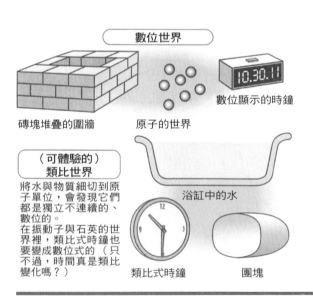

數位世界

磚塊堆疊的圍牆　　　原子的世界

數位顯示的時鐘

（可體驗的）類比世界

將水與物質細切到原子單位，會發現它們都是獨立不連續的、數位的。
在振動子與石英的世界裡，類比式時鐘也要變成數位式的（只不過，時間真是類比變化嗎？）

浴缸中的水

類比式時鐘　　　團塊

　　有「基本單位」代表量無法連續改變，就像要在一塊有 10 個鐵原子的鐵塊中再加入少許的鐵時，原子數量的改變是「10 → 11 → 12」，是一個一個不連續的變化，並不存在 10.3 這樣的中間數。當一

●因為有時間、空間都是數位不連續的說法，為求謹慎，所以加了「？」。

個量可以用不連續的某個基本單位的整數倍數值表示時，一般稱這個基本單位為**量子**。愛因斯坦當初認為光的最小單位是光量子，也就是說光量子的一半將不再是光。普朗克也假設能

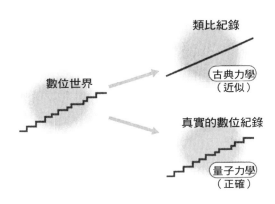

量當中有所謂的最小能量。同樣的，角動量這個大家不大熟悉的物理量當中，也有角動量的量子。

　　類似這樣存在某個單位，所有數值的變化都只能是該單位的整數倍的世界，就是數位世界。相對的，量呈連續變化的世界是類比世界。數位顯示的時鐘，10 點 30 分 11 秒之後是 10 點 30 分 12 秒，沒有 11.1 秒。這並不表示時間不連續，單純是因為數位時鐘以秒為單位來顯示時間，所以我們只能看到不連續的時間。類比式時鐘便沒有這樣的問題，我們看到的是指針的連續變化。

　　一般我們不會拿只有 10 個鐵原子的鐵塊作實驗。普通一塊鐵裡就有約10000000000000000000000 個鐵原子，是位數非常大的數值。在這麼多的鐵原子中逐一加入鐵原子時，數值變化是10000000000000000000001、10000000000000000000002……，因為變化的比例很小，所以看起來像連續變化。古典力學就是針對這類表觀的類比世界所建構出的學問。但是，為什麼自然界是「數位量的世界」呢？答案只有上帝知道，目前沒有人知道為什麼。就像愛因斯坦的光量子假設，我們所處的世界是個數位世界，描述這個數位世界的力學就是量子力學。

4 | 普朗克假設的意義

　　普朗克假設是指，當總量固定時，隨分配的最小單位大小不同，分配的方法早已決定。讓我們舉個例子簡單說明這是什麼意思：上班族每年能領到的年終獎金大概不夠買房子，但或許夠買輛車。相信很多人都拿來繳房貸。喜歡嘗試新產品的人，或許會用來買台電漿電視。大多數人的年終獎金會是花在買電腦、出國旅行、買冷氣機、衣服、首飾、化妝品、吃大餐等項目上。至於其他便宜的日用品、食物等，並不需要等到領了年終獎金才能消費，平常的發薪日就可以採買，因為即使購買那些東西，也花不了多少錢。

　　由此可知，幾乎沒有人會拿年終獎金去買很貴的物品，或者太便宜的東西，大多數人買的是有點貴又不會太貴的商品。只看一個人一年一次的消費行為，或許看不出個所以然，但是大眾的消費行為確實有這樣的趨勢。因此以產品價格為橫軸、乘以人數後的銷售金額為縱軸作圖，可以畫出一條有高峰的曲線。

　　從圖中可以了解，當總量固定時，不管怎麼分配，都不可能會是等量。

　　以能量取代年終獎金，再回到加熱到 $3000℃$ 的鼓風爐問題，要如何將能量分配給不同顏色的光呢？這就是黑體輻射的問題。頻率高的紫外線能量高，就像汽車，頻率低的紅外線能量低，就像餐券。中間的紫光、藍光、綠光、黃光、紅光分別是電漿電視、個人電腦、國外旅行、冷氣機等。這些光的強度對應到買家的人數，確實會呈現出有一個高峰的曲線，且能量的分配比例並不相同。

　　普朗克最初是依照實驗結果來決定分配的比例，但是他偉大

的地方在於不滿足那樣的結果，進而導出「能量不連續」這樣的假設。

重溫普朗克的觀念後，可以歸納如下：

跟所有物體都是由無法被進一步分割的原子所組成的一樣，能量也有基本單位；能量並非連續量，無法被無限細分。普朗克賦予這個基本單位一個名稱——**能量量子**。

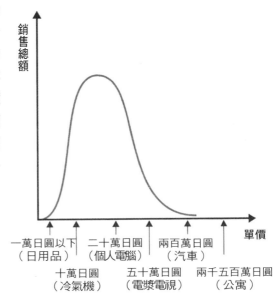

5│貨幣的單位就是普朗克常數

　　我們已經知道幾個「無法再分割」的基本量,像是電子的重量(質量)m_e、原子的大小 a、電子的電量 e 等。

　　既然普朗克提到「能量當中也有無法再分割成更小的,稱為能量量子的基本量」,我們可以用已知的幾個基本量來表示能量嗎?在進一步研究這個問題之前,要先解析什麼是單位。我們會說「我的體重是 52 公斤」,以公斤這個單位表現重量。公尺是距離的單位、庫侖是電荷的單位。能量的單位雖然是**焦耳**,但焦耳其實是公斤、公尺、秒(時間的基本量)等單位的組合。我們

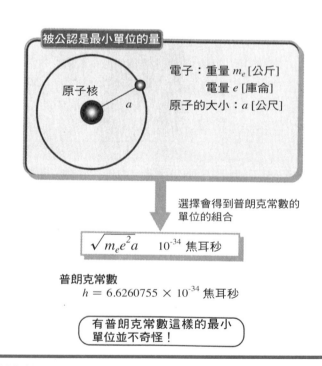

被公認是最小單位的量

原子核 a

電子:重量 m_e [公斤]
電量 e [庫侖]
原子的大小:a [公尺]

選擇會得到普朗克常數的
單位的組合

$$\sqrt{m_e e^2 a} \quad 10^{-34} \text{ 焦耳秒}$$

普朗克常數
$h = 6.6260755 \times 10^{-34}$ 焦耳秒

有普朗克常數這樣的最小
單位並不奇怪!

●大家對庫侖這個單位是不是感到比較陌生?

可以試著組合 m_e、e、a 等基本量,找出對應於能量這個以焦耳為單位的基本量。

再借助時間的單位秒,從結論來說,$\sqrt{m_e e^2 a}$ 會是**焦耳秒**(焦耳 × 秒)這個單位的量。

將實驗得知的實際電子重量與原子大小、電荷大小帶入式中,算出 $\sqrt{m_e e^2 a}$ 的大小約 10^{-34} 焦耳秒,與實驗所得的普朗克常數($6.6260755 \times 10^{-34}$ 焦耳秒)大小層級相同。因此,以普朗克常數作為能量的最小單位並不令人驚訝,而是可以預測的。原子的大小既然有最小單位,能量當然也可以有最小單位。

另外,10^{-34} 是個非常小的數字,代表以 1 除以 10 連乘 34 次的結果。普朗克常數就是這麼小,也難怪會被古典力學當作是 0 而忽略不談。

為什麼上帝要將普朗克常數設定為這樣的一個值呢?物理學很想回答這個問題,但是很可惜,至今還沒有人知道答案。或許另外存在著一個世界,有著不同大小的普朗克常數呢。

如果進一步研究,將會發現「焦耳秒」這個單位是物理學家口中的**角動量**的單位。角動量與物體的旋轉有關,稍後我們會談到的自旋也是屬於角動量的一種。角動量中也有最小單位,而這個最小單位就是普朗克常數。

所以,普朗克常數是這個世界的基本單位的其中之一,在很多地方都看得到它。就樣買東西時用到日圓一樣,自然界的許多交易是以普朗克常數為單位。

創造性的工作需要水平思考法

人類解決問題所運用的思考方法有垂直思考與水平思考兩種。

解決「將兩個球放進紅藍兩個箱中，可以有幾種放法」這類只有一個正確答案的問題時，經常會採用垂直思考法，必須將思考集中在特定的方向上。但若是要解答「迷路時該怎麼辦」這類不只一個答案的問題時，就需要探索各種的可能性，研究比較不同的答案，而這就是水平式的思考。

從事創造性的工作需要水平式的思考，這是因為垂直思考無法想出正確答案以外的新創見。努力學習古典力學可以解答任何問題，但對量子力學的發現並沒有幫助。量子力學就是在正確掌握問題點、保持柔軟的思考，並評估各種可能性的情形下誕生出來的。

雖然水平思考是如此重要，但是現行的學校教育卻是以垂直思考為中心。之所以如此，主要應該是為了以下幾點的考量：首先，垂直思考的訓練方法較容易確立，每個人只要努力都能學會，也較容易評估相關學習成果。相對的，水平思考的學習情況因人而異，學習成果不容易評量。其次，在面對只有一個正確答案且願意思考就能找到解答的問題時，不會解答的學童便處於劣勢，因此，學校當然會以訓練垂直思考為教育的第一優先。而且在很多時候，光靠水平思考無法解決問題時，還是要回歸到垂直思考。因此垂直思考廣受學校教育的重視。

不只是物理學，世界上的許多問題都需要水平式的思考。在遇到「三年內得將銷售額提高到三倍，且獲利倍增」或者是「企劃暢銷商品」等問題時，光靠垂直思考是無法想出辦法的。所以我們常聽到只會垂直思考的秀才輸給不大唸書又經常翹課的重考生。

4

量子力學家族

德布羅意認為，既然被公認是波的光擁有粒子的性
質，那麼反過來，被公認是粒子的電子也可以有波
的性質。所有的物質都具有粒子與波的兩種性質，
此二元性是量子力學的一大特徵。

1 | 何謂電子？

　　量子力學裡有兩個主角，一個是之前幾章說明過的光，另外一個就是**電子**。現在就有請電子出場。德國物理學家普呂克（J. Plücker）進行放電實驗，卻從該實驗發現了電子。他利用幫浦，將封有電極的玻璃容器中的空氣抽出，做成真空，並對電極施加高電壓進行實驗。這個玻璃管被稱為蓋斯勒管（Geissler 管，或普呂克管），它的放電情形跟真空狀態有關，至今仍被當作真空計使用。

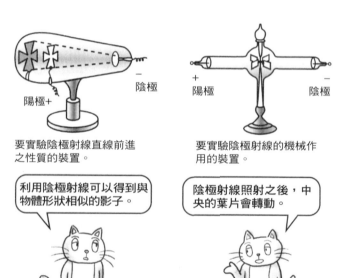

陰極

陽極+

要實驗陰極射線直線前進之性質的裝置。

＋
陽極

－
陰極

要實驗陰極射線的機械作用的裝置。

利用陰極射線可以得到與物體形狀相似的影子。

陰極射線照射之後，中央的葉片會轉動。

電子的重量是 9.1 / 10,000,000,000,000,000,000,000,000,000 公克
電子的電量是 1.6 / 10,000,000,000,000,000,000 庫侖

　　對電極施加高電壓並放掉少許空氣時，會發生放電現象，若再持續釋放空氣，則放電現象又會消失。普呂克注意到，這個時候，面向施加負電的電極（陰極）的容器玻璃內壁放出了綠色的螢光。這個現象似乎是從陰極飛出、肉眼看不見的輻射線所引起的，因此普呂克將它命名為陰極射線，它跟在電視的映像管上顯示影像的現象類似。

　　在陰極射線行進途中放置物體，會產生與物體形狀相似的影子，由此可知陰極射線是直線行進的。另外，若在行進途中放置輕的齒輪，當陰極射線打在齒輪上，會帶動齒輪的轉動，這代表陰極射線撞擊齒輪時，賦予齒輪機械性的壓力。

　　如果將磁鐵靠近陰極射線，則陰極射線會跟電流一樣被彎曲，閃光的位置也隨之改變，顯示它帶的是負電。因為它帶有重量，陰極射線被認為是「由微小粒子所組成」，這個粒子後來被稱為電子。

　　之後，以各種氣體為對象進行實驗，發現所有的物質都含有電子。不同的物質有不同的原子，但是電子卻只有一種，是基本粒子。

　　1917 年，美國物理學家米立坎（R. A. Millikan）進行油滴實驗，正確量測出電子的重量（質量）與電量。這個實驗是在帶電的細小油滴上施加電壓，並利用顯微鏡觀察油滴掉落的情形。受到重力與空氣的黏性阻力，以及電引起的力的作用，油滴掉落的速度會有所改變。米立坎對許多的油滴施加不同的電壓重複實驗，算出油滴的電量，並發現這些電量都是某個最小電量的整數倍。

　　電子的重量約 9.1×10^{-31} 公斤，非常小，與構成原子核的質子相比，僅為質子的 1/1836 重。電子的電量則是 1.6×10^{-19} 庫侖。這個電量是電的基本單位，自然界所有的電量都是電子電量的整數倍。不過，「夸克」這個基本粒子的電量是電子的 1/3 或 2/3，但夸克只存在於複合粒子的狀態，不會單獨出現在自然界中。

2 德布羅意的逆向思考

　　電子的「子」有「微小物質」的意思，意指電子是帶電的微小物質，說明它是粒子。我們一般也覺得電子是粒子。

　　但是法國物理學家德布羅意（L. V. DeBroglie）卻想到，「既然被公認是波的光也是粒子，那麼一直以來被以為是粒子的電子，或許也是波」，這完全是逆向思考。他認為電子也有粒子與波的二元性。用來表示光的波的性質的頻率 ν，與粒子性質的能量 E 之間有 $E = h\nu$ 的關係，可以說頻率 ν 的光是帶有能量 $E = h\nu$ 的粒子。

　　光沒有重量，但是電子有重量，因此上述的關係式必須稍作修正。德布羅意在表示粒子性質的動量 p 與波的性質的波長 λ 中，導出了 $\lambda = h / p$ 的關係式。這個式子被稱為**德布羅意關係式**，意思是說帶著動量 p 運動的電子，是波長 $\lambda = h / p$ 的波。式中的 h 是大家熟悉的普朗克常數。

　　建構物質形狀的原子在固體中會構成排列規則、井然有序的

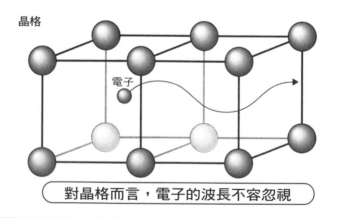

晶格

電子

對晶格而言，電子的波長不容忽視

●包含我們自己在內，所有的物質既是波也是粒子。

棒球的波長在我們所處的世界中非常非常小

晶格。利用德布羅意關係式計算電子的波長，其大小與晶格的間距相去不遠，因此電子在晶格間的移動就像波一樣。

這裡出現了「動量」這個不常見的字眼。請不要在意，在此我們不做嚴密的定義，只要了解動量跟運動能量一樣，都是代表運動大小的量即可。

把德布羅意的觀念再延伸，或許有人已經想到「不只是光與電子，或許所有的物質都帶有波與粒子的性質」。假設德布羅意的關係式成立，則可以計算 MARINERS 隊佐佐木投手所投出的棒球的波長大約是 1×10^{-34} 公尺。原子的大小約 5×10^{-11} 公尺，所以這個數值是原子大小的一兆分之一的一百億分之一，非常非常小。這在我們所處的世界裡，是個幾乎可以忽略的大小，所以我們無法感覺到棒球有波的性質。

也就是說，每一個物質都具有粒子與波的二元性，但因為波長小到可以忽略，因此我們感覺不到波的存在。

在我們肉眼可見的世界裡，波與粒子的性質共存，這聽來有點匪夷所思，但完全是因為我們所處的這個世界有點特殊。在原子大小的世界裡，粒子與波的二元性可是一般常識。

●德布羅意根據理論所假定的電子的波動性，由德維生（C. J. Davisson）、革末（L. H. Germer）於 1927 年實驗證實。

3 | 電子是粒子，也是波

　　對我們今日的生活來說，電子具有粒子與波的二元性有很大的幫助。

　　像是電子顯微鏡，就是利用電子替代光（可見光）的顯微鏡。利用波長比可見光短的電子，觀察更微觀的世界。光學顯微鏡利用透鏡放大影像，讓我們可以觀看到微小物體，但如果觀察物體的波長小於光的波長時，影像將變得模糊而無法看清。光是波的事實妨礙了我們的觀察，因為光的波長約為千萬分之五公尺，不管將光學顯微鏡的倍率調到多高，都無法讓我們清楚看見比它小的病毒、分子、原子等。

　　但是利用德布羅意關係式，計算施加電壓加速的電子波波長，知道它大約是十億分之一公尺，比光的波長要小很多，幾乎是原子的大小，所以它要比光更適合用來觀察原子的世界。電子顯微鏡被利用在檢查大型積體電路（LSI）晶片上的細微引線是否連接確實，最近還有人研究利用電子線進行細微加工、配線作

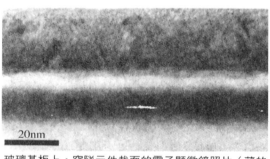

鈷

氧化鋁
鈷
玻璃基板

20nm

玻璃基板上，穿隧元件截面的電子顯微鏡照片（薄的氧化鋁絕緣層被強磁性的鈷膜上下夾住）。1 nm（奈米）是十億分之一公尺（10^{-9} m）。

業，這些都是抑制了波的性質，把電子當作粒子使用的應用。

時至今日，我們生活裡的家電產品幾乎都使用了 LSI。是 LSI 裡的電晶體讓我們能夠在有溫控的舒適房間裡觀看電視，一早起床就有剛煮熟的飯可吃，利用個人電腦上網，利用行動電話收發電子郵件等等。

在排列規則的原子晶格中移動時，電子會像波一樣被繞射，這個現象創造出製造電晶體所需的半導體性質。晶格的間距（原子的大小）約為十億分之一公尺，跟電子的波長大小的層級相同，因此波的性質很重要。如今我們能過舒適的生活，全都拜電子的波的性質所賜。

我們的豐富生活全靠有效利用電子的粒子與波的二元性，電子跟光一樣，都是同時具有粒子與波的性質，也就是具波粒二元性。

4 | 量子力學家族的名字裡都有「on」

　　光在過去被認為是波，然而被天才愛因斯坦識破，其實光還帶有粒子的性質。在過去，電子被認為是粒子，但德布羅意從光的例子逆向思考，發現電子也帶有波的性質。其實，光跟電子並非我們概念中的「粒子」，也不是「波」。我們無法用感覺來理解光與電子，應該把它們想成是量子力學的存在。

　　延伸這個想法，很自然地便可以推知，包含我們本身在內，「所有的物質都具有粒子與波的二元性」。平常我們看不到棒球的波，是因為它的波長非常小，完全不是我們生活空間裡的規模。而電子會顯現波的行為，是因為電子的波長與所在空間的原子大小相同所致。所以棒球跟電子在本質上並沒有不同，兩者都兼具波粒二元性。

至今的研究結果都顯示，所有的物質都具有粒子與波的二元性。或許你不相信，會問：「聲音不是聲波嗎？」但聲音也具有粒子的性質，而磁鐵則具有波的性質。

○具波粒二元性的物質

日常說法	代表量子力學存在時的說法	
光	光子	（photon）
電子	電子	（electron）
正子	正子	（positron）
質子	質子	（proton）
中子	中子	（neutron）
聲音	聲子	（phonon）
磁力	磁子	（magnon）
偏極	偏極子	（polaron）
激發	激子	（exciton）
電漿振動	電漿子	（plasmon）

不過，要一直重複提到「具波粒二元性」也挺煩人的。一般來說，當我們確認某個物質是量子力學家族成員，其性質不偏向波或粒子時，會賦予它一個特殊的名稱。接著就讓我們來介紹這個家族裡的部分成員。

一般單純提到光，可以把它想成是我們普通所認為的波，但是要特別強調它是具波粒二元性時，會稱它為**光子**（photon）。在英文中，使用 photo 為字首的單字都帶有光的意思，為了要強調具有波粒二元性，會再加上 on，但如果字尾已經有 o 了，則加一個 n 即可。磁鐵的英文是 magnet，磁力的量子磁子就是 magnon，聲子是 phonon、中子是 neutron，看到字尾後面有 on，就知道它代表具波動粒子二像性。

就像日本女性的名字裡常常有個「子」字，據說「子」字有「女人心與秋天的天空」這兩重意思在，對男性而言，同樣是個難懂、隱藏有二元性的特別存在。

●英文單字的 photo 是照片的意思，它的語源來自希臘文中代表光的 *photos*。

5│如何同時表現出是粒子，也是波的性質？

感覺粒子是集中在某一處的狀態，而波則散布在空間中。如何以數學描述這樣看似矛盾的狀態呢？一直以來，科學的進步與應用都受到數學的幫助，因為藉由數學描述現象，可以解析已經發生的現象，並且定量預測即將發生的現象。所以可否利用數學表現出「粒子與波的二元性」這個量子力學的新發現，是非常重要的事。

利用傅立葉變換（Fourier transform）或者類似的方法可以表現二元性。在此先簡單說明傅立葉變換的概念。電視遊戲《快打旋風》中，波動拳是波，但也能像劍一樣傷害敵人。另外，《星際大戰》裡出現的光劍則是光波做成的劍，可以劈開敵人。所以波動拳跟光劍都是具有二元性的量子力學存在。

讓我們來想想如何簡單製作波動拳？首先要振動空氣製造出一個波，但是這樣的波會擴散到空間裡，無法給予敵人太大的打擊。因此我們要再補上一個頻率不同的波，讓波在敵人所在處相長，在別的地方相消。但是這樣波還是會擴散。為了加強相長與相消處，要再製造出第三個波疊加上去，如此不

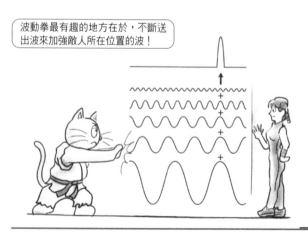

波動拳最有趣的地方在於，不斷送出波來加強敵人所在位置的波！

斷地重複，就能夠製造出在對手所在處有很強大威力，而在其餘地方則幾乎抵銷掉的波。事實上，為了製造出這樣的狀態，必須要有為數眾多的波，方能在敵人所在處發出波拳，擊倒對方。

○傅立葉變換

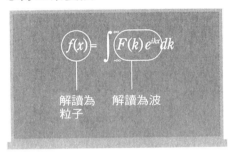

$$f(x)=\int_{-\infty}^{\infty} F(k)e^{ikx}dk$$

解讀為　　解讀為波
粒子

使用**傅立葉變換**這個數學手法時，在空間的 x 軸方向變化的函數 $f(x)$ 可寫成如圖的積分式。

i 是連乘兩次後等於 -1 的虛數單位，式中的 e^{ikx} 代表跟 x 一起發生振動變化的函數。也就是說，式子代表「x 的函數 $f(x)$ 是加權 $F(k)$ 後，不同頻率的振動的加總（積分）」。就像由小提琴、大提琴等各種音色所組成的龐大交響樂團，其樂音將如波浪般濤濤不絕地湧來。

仔細看式子的左邊，我們將在空間變化的函數 $f(x)$ 視為粒子，右邊積分記號中的 $F(k)e^{ikx}$ 則是以波來理解相同現象時的表現。

Column 4

物理學與音樂

當愛因斯坦被問到什麼是死亡時，據說他的回答是「再也無法聽到莫札特的音樂」。很多著名的物理學家都愛好音樂，特別是愛因斯坦，他拉得一手好小提琴。他從六歲開始接受母親的指導，不過直到十二歲以前，習琴對他而言只是一項義務，等到年紀漸長，他才慢慢體會到演奏的樂趣。他的演奏技巧極佳，傳說他偏好莫札特與舒伯特的作品。丹麥物理學家波耳也喜歡演奏小提琴，德國物理學家海森堡則會彈鋼琴。另外，印度物理學家玻色據說是印度古典樂器的好手。

在 1965 年以「量子電力學領域的基礎研究」獲頒諾貝爾物理獎的費曼（Richard Feynman）擅長演奏森巴鼓。在他的著作，加州理工大學的物理學教科書的前言裡，有一張費曼打擊森巴鼓的照片，那是他在洛杉磯之夜的晚會裡，代替鼓手上場表演時所拍的照片。

另外，俄羅斯物理學家泰勒曼（L. S. Termen）是大提琴好手，他甚至還發明了樂器。他於 1920 年製造出世界第一台的電子樂器「魔音琴」。那是以人體作為電容器，藉由手的接近與遠離天線來改變振動頻率，是涵蓋大約四個八音音階的樂器。雖然結構簡單，但只要學會演奏技巧，據說可以表現出豐富的情感。

音樂似乎與物理學這類創造性工作有關。人類大腦的左半側（也就是左腦）專管語言能力，負責分析、抽象、邏輯方面的思考，而右腦專管想像能力，與合成、感覺、直覺方面的思考有關。右腦型的人擅長音樂、圖畫感覺、繪圖、幾何學等，當然，實際上還是需要兩者的合宜搭配。

想必是被音樂舒服的合音與旋律，以及演奏時雙手並用的刺激所活化的右腦，與邏輯思考的左腦達成協調，才讓這些物理學家們想出新的創見。

5

直覺的波動力學

薛丁格視電子為波,想要建立方程式來表達,結果
導出支配量子力學世界的波動方程式(薛丁格方程
式)。但是該方程式所表現的不是類似古典力學的
因果論,而是機率。

1 薛丁格方程式

　　我們可以想像電子的行為像波，而粒子則是波的疊加。奧地利物理學家薛丁格（Erwin Schrödinger）利用古典力學的波動方程式，創造出代表電子行為的運動方程式。這個運動方程式並非實驗的必然結果，而是他在研究過各種可能的式子之後，所發現的不牴觸實驗結果的方程式。

　　薛丁格方程式長得像右邊黑板上的樣子，Ψ 是波的記號，是被稱為**波動函數**的量。式子表示隨時間 t 的經過，波動函數 Ψ 的變化情形。h 上有一撇的 h 代表什麼意思呢？它是普朗克常數 h 除以 2π 後的量，因為經常出現在量子力學裡，所以特別給它一個特殊的記號。i 是虛數單位，代表平方後為 -1 的數。普通的數經過平方必為正，像 2 的平方是 4、-2 的平方是 4，都是正數。數學家故意創造出一般無法想像的特殊數，並稱它們為虛數。在量子力學的世界裡，一定要借助虛數的力量。

　　$\mathcal{H}$ 是**哈密頓算符**（Hamiltonian operator），用來代表能量之類的量。我們用「能量之類」這種曖昧的說法，是因為它並非直

薛丁格（Erwin Schrödinger, 1887-1961）

薛丁格是奧地利維也納出生的理論物理學家。他認為波動函數可以用來表現實體，而電子就像是擴散在空間裡的煙團。然而當時學界主流是以波耳為首的哥本哈根學派，他們認為薛丁格充滿幻想、過於叛逆，他的主張與現實世界不符。薛丁格始終採取孤傲的立場，不依附任何的學派。

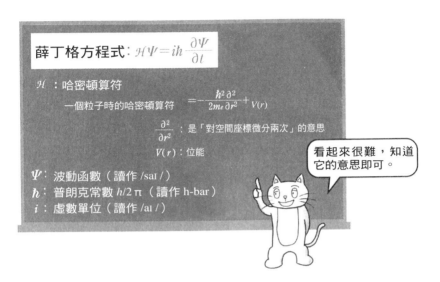

接代表能量值，而是指所有可能的任何量。哈密頓算符可具體用微分等特別的演算記號表示，是算符家族的一員。 $\frac{\partial \psi}{\partial t}$ 是對時間 t 的偏微分（計算對時間的變化）。

　　大部分的人一看到薛丁格方程式，都會說量子力學太難而打退堂鼓。量子力學裡的數學不是微分就是積分，使用的算符也令人霧煞煞，不像古典力學用 $F = ma$ 這類以乘法、比例等即可簡單表現。因此，怎麼理解、怎麼運用這些複雜算式就留給專家去做，我們只要知道它的本質為何就可以了。

就像牛頓的運動方程式支配著古典力學的世界，我們可以把薛丁　　格方程式想成是支配量子力學世界的方程式。薛丁格方程式看起來很複雜，但它其實就是表現波的方程式，描述電子像波的行為。

2 波動函數的值的平方代表什麼意思？

　　為了理解波動函數的意義，讓我們來看看一個有名的實驗結果。

　　在遠處放置一把會不斷發射電子的槍 S，另外放置一張阻隔電子的擋板 W，並在擋板的另一側放置許多用來感測電子的檢測器 D，電子一到該位置，就會被檢測器感測到。首先在擋板上開一孔 A，電子會穿過孔 A 來到 D 的某個位置。在足夠的長時間下進行實驗，並統計電子抵達的位置與個數，做成圖表，會得到一條有最高點且兩側和緩減少的鐘形曲線。這太奇怪了！

　　古典力學把電子當成粒子時，電子總會抵達固定的位置，但是這個實驗裡的電子卻分布在不同的位置上。散布在空間的結果，正是電子的波的性質所致。

　　薛丁格原本想要利用波動函數來表現某個實體，但是從這個實驗結果可以知道，我們無法得知每個電子實際上會到達哪個位置。丹麥物理學家波耳（N. H. D. Bohr）等人因此將波動函數解釋為「代表粒子存在機率的機率的波」。在電子槍的實驗中所看到的分布情形，乃是電子可能抵達位置的機率，利用波動函數可以算出這個機率，其分布情形可用 Ψ_A 表示。同樣的，在擋板的不同位置另外開一個孔 B（在圖中 A 的下方略低的位置）進行相同的實驗，所得到的分布情形可稱為 Ψ_B。

　　那麼，擋板上的兩個孔 A 與 B 同時開啟時，其分布機率為何？一般認為 Ψ_{A+B} 會是等同於單純的 $\Psi_A + \Psi_B$，但結果卻不是這樣，反而呈現一個複雜的起伏。要說明這樣的結果，必須要稍微改變對波動函數的解釋。因為薛丁格方程式中有個虛數 i，因此波動函數裡也可能存在著虛數。不過，虛數是數學家為求方便

●如今我們知道波動函數要表現波，表現我們所無法實際感覺到的機率，但是在「波動函數要表現波」的具體內容未被清楚理解之前，可是經過了劇烈的爭論。

所造出來的數，想用虛數表現實際分布情形的想法，或許本身就不正確。

為了獲得一個有意義的量，物理學家研究已確定為實數的波動函數的絕對值的平方為機率。只開孔 A 時，分布機率為 Ψ_A 絕對值的平方，即 $|\Psi_A|^2$；僅開孔 B 時，分布機率則為 $|\Psi_B|^2$。

當 A、B 兩孔全開時，電子可能通過 A，也可能通過 B，所以是兩個狀態的疊加，因此電子的分布不是 $|\Psi_A|^2 + |\Psi_B|^2$，而是 $|\Psi_A + \Psi_B|^2$。因為 $|\Psi_A + \Psi_B|^2 = |\Psi_A|^2 + |\Psi_B|^2 + \Psi_A{}^*\Psi_B + \Psi_A\Psi_B{}^*$，這樣就可以解釋複雜起伏的實驗結果了。從電子槍實驗的解釋，我們得知兩個重要的訊息：

①所有可能性是疊加在一起的；②波動函數絕對值的平方代表機率。

○從電子槍發射出的電子的分布

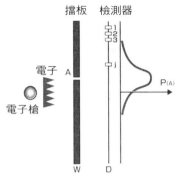

（a）在擋板上開孔 A 時

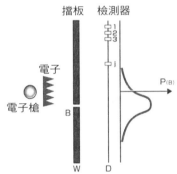

（b）在擋板上開孔 B 時

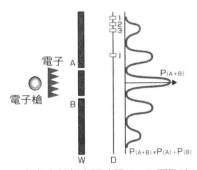

（c）在擋板上同時開 A、B 兩孔時

●Ψ^* 是 Ψ 的共軛複數，僅虛數單位前的符號不同。

3 | 波動函數的解釋

　　我們已經知道，波動函數本身是沒有意義的，它的絕對值的平方才有意義。現在讓我們再更深入思考有關電子槍的實驗結果。穿過開孔的電子並不會抵達同一個位置，而是呈現鐘形分布的狀態。這意味著什麼呢？第一個穿過開孔的電子會跑到哪台檢測器的位置呢？不知道。下一個電子呢？不知道……薛丁格方程式無法給這些問題提供任何解答。

薛丁格方程式看起來複雜，面對這些問題卻束手無策。第一個電子可能跑到第四台檢測器的位置，接著是第二台，然後是第十台的位置，抵達位置不斷改變。但是實驗持續一段充分長的時間後，會發現抵達第一台檢測器的電子占整體的 40%、第二台是 20%、第三台是 5%……，不管重複幾次實驗，得到的結果都是一樣的。

　　就跟擲骰子一樣，我們無法知道將擲出幾點，但是只要擲的次數夠多，就可以知道每種點數出現的比例。如果是製作精良的骰子，每種點數的出現機率應該都是 1/6。雖然無法得知單次的結果，但是擲出很多次後，就可以預測出現某個點數的比例，這就是機率的概念。

　　波動函數的絕對值的平方是電子出現

○波動函數所代表的粒子形象

古典力學的粒子
確實存在某一點上。

量子力學的粒子
存在位置由機率決定，圖中的濃淡程度代表機率大小。

在何處的機率分布的預測，所以量子力學只能告訴我們粒子的**存在機率**。但是古典力學就不同了，古典力學認為粒子不是機率，而是存在於某個場所的實體。在量子力學裡，粒子像雲或火焰般朦朧，只能用機率表示它的存在。

雖說粒子像雲，但它仍非實體，我們只是用雲來解釋電子的機率分布。古典力學提到「起始狀態決定後來的所有狀態」，但是量子力學完全不是這麼一回事，就算知道了起始狀態，之後會如何演變，只能做機率上的預測。

這種機率說對原子結構的理解有很大的影響。我們已知原子是由一個原子核與幾個電子所構成。原子核帶正電，電子帶負電。正電與負電之間有庫侖力作用，物體與物體之間則有萬有引力作用，兩者的大小都與距離的平方成反比。所以，最先被想到的原子模型像太陽系裡的行星運動，原子就是小型太陽系，而電子（行星）繞行原子核做軌道運動。

但是這個模型的問題在於電子帶電。根據古典力學，帶電物體在做圓周運動的同時會發射電磁波，失去能量，最終將落入圓心，因此原子一直被懷疑無法安定存在。量子力學則不承認有所謂電子軌道，所以根本不需要考慮到發射電磁波的問題。量子力學以電子雲取代軌道的概念，認為原子核的周圍被朦朧的電子雲所包覆。

波動函數像骰子！？

4 | 波包的縮併

電子槍的實驗結果中仍有令人不解的地方，我們說無法知道每個電子將抵達哪個檢測器，真是如此嗎？應該還是有辦法測量電子槍所發射的電子。只要能夠持續精確測量，應該可以知道電子的去向。說不知道電子將何去何從，實在不科學，也很可笑。

這個問題被稱為**測量問題**，原則上是有解的，但是稍後要提到的「薛丁格的貓」的實驗，則至今仍是一道謎。只不過，它對我們應用量子力學並不構成太大問題。

讓我們以下面這位職員的例子，來思考測量問題。在下班後，這個男性上班族總會依照當天的心情，選擇到串燒店小酌一番，或者跟女孩子到 pub 喝酒、打小鋼珠、上健身房，或者跟外遇對象約會。我們無法事先知道當天他會選擇做哪一件事。但是如果持續觀察一整年，大概可以知道他去這些場所的頻率，像是串燒店 20%、外遇對象的住處 10% 等等。

這位職員（電子）被名為公司的電子槍發射出去，並穿過公司大門這個擋板上的開孔後，我們可以預測他將前往何處的機率，但是無法確定他的實際行動。用量子力學的語言來說，這位職員下班後的狀態是串燒店 20%、外遇對象的住處 10%……這些狀態的疊加。

好了，接下來要上演一齣驚悚懸疑劇。這位職員的太太開始對他的行為起疑心，便雇用私家偵探尾隨跟蹤，這麼一來，應該就能夠知道職員每天的行蹤。跟蹤知道去處之後，在那個瞬間，到串燒店的機率就變成 100%，是個確定的狀態。

如果不觀察電子槍所發射出的電子，所有可能的狀態是疊加在一起的。經由測量，立刻成為一個確定的狀態。測量使原本疊

●真好，有 10% 的機率是到外遇對象的住處。不過，外遇可是很花錢的喔，想想就好，不要真做。

加的狀態收縮成一個確定的狀態，就像好幾個疊加在一起的波包收縮變成一個，這在量子力學裡稱為「**波包的縮併**」。

好了，發現自己被跟蹤的職員怕事情曝光，當然不再到外遇情人家中。如此一來，確實每次跟蹤都能知道他要去哪裡，但這並不是真實的情況，因為事情的結果已經被觀察這個行為給改變了。正確來說，這位職員下班後的狀態只能是去串燒店的 20％、到情人家中的 10％……這些狀態的疊加。這就是量子力學的觀點。

或許你會說，「小心跟蹤，別被發現不就好了」。但是所謂的跟蹤，就是要看著對方，對方便會感覺到尾隨者的存在。即使是在黑暗小徑，為了不跟丟，有時還得用手電筒照射，若把燈光調弱，或許就會跟丟。因此不管要測量什麼，測量這個行為一定會對被測量的對象造成影響。

古典力學認為，若將影響程度連續遞減到趨近於零，就能在不影響被測量對象的情形下進行測量。但是，量子力學認為影響也有最小單位，而這個最小單位大約是普朗克常數的大小。普朗克常數非常地小，因此在我們的日常生活中幾乎感覺

外遇

串燒

有人跟蹤，有人跟蹤。
今天就不去○○○家了。

觀察改變了結果。

不到任何影響。但是在微觀的世界裡，測量的影響不可能低於最小單位，所以測量一定會對被測量對象造成影響。在量子力學裡，只能在影響被測量對象的情形下進行測量，或者不影響被測量對象，也不進行測量，但是絕不可能「在不影響被測量對象的情形下進行測量」。

　　電子槍所發射的一個又一個的電子，當然可以測量其實際行蹤，但是一經測量，每個電子都確實會經過 A 或 B 的某個開孔。這樣的結果與經過 A 與 B 的兩種狀態的疊加並不相同。經過測量所得到的結果，是被測量所擾亂的結果。

　　真相是，沒有人知道結果，而量子力學也不在乎它不能提供解答。基本上，這就是測量問題的解答，大家懂了嗎？

　　愛因斯坦與薛丁格不能接受這樣的解釋，他們主張「雖然我們還無法理解，但一定存在著只有上帝才懂得的**隱變數**在」。這個隱變數到底是什麼？至今仍然是個謎。

○從電子槍發射出的電子的分布（追蹤電子時）

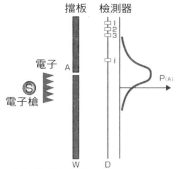

（a）擋板上開孔 A 時

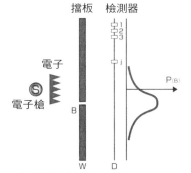

（b）擋板上開孔 B 時

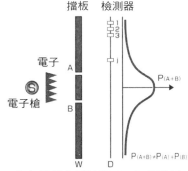

（c）擋板上同時開 A、B 兩孔時
　　（一個一個確認電子槍所發射出的電子經過哪個開孔時）

●要是有誰能發現這個隱變數，肯定能獲得諾貝爾獎。愛因斯坦說「上帝不擲骰子」，用以否定這種機率描述。

隱變數

量子力學是否為最後的真理？利用薛丁格方程式可以解釋非常多的現象。從許多預言已被證實來看，大部分以量子力學為依據的事實都無從否定。但是波耳與海森堡的機率描述卻還存有些部分讓人無法釋懷。從科學進步的歷史來看，一個微小的疑問是有可能擴大延伸，甚至需要新的理論來解決這個疑問。新理論或許可以在不與舊理論衝突的情形下，賦予舊理論中所沒有的全新結果。大多數的人會認為創新理論浪費時間，總要等到萬不得已，才注意到新理論的偉大。因此在未來，或許有人會採取與波耳完全不同的概念，針對隱變數發展出量子力學的公式，再造全新的進展也說不定。

至今已有許多人嘗試導出「隱變數」，薛丁格也做了嘗試，但是一直到 1940 年代，除了愛因斯坦外，並沒有明顯反對波耳解釋的聲音出現。

第二次世界大戰後，波姆（David Joseph Bohm）發表了「隱變數」理論。波姆從薛丁格方程式出發，提出相當於古典力學中牛頓運動方程式的方程式。他的理論在全世界引起很大的迴響，甚至有國際會議為此召開，非常受到眾人矚目。但是波姆的理論需要導入量子力學的力的概念，經過研究，發現量子力學的力與普通古典力學的力不同，是非定域性的（non-locality），要將之一般化，可能會變得非常複雜，很難實際運用。雖然有人嘗試要化複雜為簡單，但是現在似乎已經沒有人願意再重新研究它。

甚至有人說波姆是物理學的異端，但或許在他的理論當中隱藏有量子力學的新線索。目前日本應該沒有人從事關於隱變數的研究，但是在歐洲，腳踏實地的努力似乎未曾間斷。

6

量子力學的奇幻世界

量子力學可以預測古典力學無從思考的奇妙效果，
並加以解釋。本章要學習量子力學裡的置換概念，
並介紹量子力學所引發的幾個效應，有測不準原
理、零點運動、穿隧效應等。

1 兩個量不可置換

　　量子力學牽涉到波動函數的機率描述與測量問題，此外還有許多不可思議的現象，像是秤量兩個不同量時，「秤量順序不同，答案也就不同」。即兩個量不可置換。例如，確認時間之後再量測能量，與量測能量之後再確認時間，所得到的能量值是不同的。

　　令量測能量這個行為為 A、確認時間為 B，確認時間之後再量測能量可寫成 $A \times B$，而量測能量之後再確認時間是 $B \times A$，不可置換意味著 $A \times B$ 不同於 $B \times A$，也就是 $A \times B \neq B \times A$。

　　乍看之下會覺得不可思議，因為小學學的數學都說，進行乘法時，乘的順序不影響答案，3×4 跟 4×3 的結果都是 12。我們熟悉的數學明明說 $3 \times 4 = 4 \times 3$，怎麼一進到量子力學的世界，突然變成 $3 \times 4 \neq 4 \times 3$？還真是傷腦筋。

　　但是仔細思考將發現，因為順序不同而產生不同結果，這在日常生活中反而是理所當然的。例如打棒球，做過練習（A）再上場比賽（B），跟先上場比賽（B）後再練習（A）的結果一定是不一樣的。也就是 $A \times B \neq B \times A$。

　　根據量子力學的測量理論，測量任何物質的行為，一定會對受測對象造成影響。之後再去測量別的量，所測量到的會是已經受到影響的狀態，結果當然會有變化。古典力學認為可將測量的影響抑制到無限小，也就是說可以讓第一個量的測量不影響下一個別的量的測量。但是量子力學認為影響有最小單位，一定還是存在有限的影響，所以兩個量不可置換。

　　我們提到在量子力學裡，結果會隨乘的順序不同而改變，即 $A \times B \neq B \times A$，這裡的 A、B 不是普通的數字，跟我們學過的

算術不一樣。出現在薛丁格方程式裡，用來代表能量的哈密頓算符 $\mathcal{H}$，即非普通數字，而是算符。在薛丁格的波動力學裡，能量、動能、位能等所有的物理量都以算符來表示。

A（練習）　　　　B（比賽）

$A\times B$　　　　$B\times A$

$$A\times B \neq B\times A$$

練習後再上場比賽，跟比賽後再來練習的結果是大大不同喔！

2 | 何謂算符？

　　算符是指進行加減乘除等運算的符號，有作用在某件事物上，以獲得某種結果的功用。從它的英文 operator 來看，或許比較容易想像。外科醫生（operator）替患者動手術（operation）進行治療，電話接線生（operator）接換線路，讓電話互通。我們通常關心結果更甚 operator，也就是說，operator 要能確實發揮功能，不管誰當接線生，只要能為我們接通電話就好。

算符	功能
	接通電話
	動手術
$\dfrac{\partial}{\partial x}$ × 哈密頓算符 $\mathcal{H}$	微分 乘算 評估能量

　　哈密頓算符這個算符有「告訴我們作用在狀態上的能量如何變化」的功能。動量算符與位置算符分別告訴我們作用在狀態後，動量、位置如何改變。只要功能清楚，算符可以有各種形式。不過，要是每天都有機會跟接線生打交道，確實是

會想知道美麗聲音的主人長什麼樣子。

　　大家一定都想知道薛丁格的波動力學中出現了哪些算符？在此就簡單做個介紹。首先，最簡單的算符是位置算符，以乘號表示。乘號也是一種算符，代表「乘以」，要表示三倍時，大家都知道要寫成 $3\times$，位置 x 的算符就是乘以 x。

　　其次重要且比較簡單的算符是動量算符，寫成 $\dfrac{h}{i}\dfrac{\partial}{\partial x}$。老天，馬上又難了起來。不過你記得嗎？$h$ 跟 i 是已經出現過的記號，分別是普朗克常數（嚴格來說是普朗克常數 h 除以 2π）與虛數單位，$\dfrac{\partial}{\partial x}$ 是對 x 偏微分的記號。微分是要求出變化形式的運算。

　　讀過自然組數學的人都知道，對某數乘上 x 再整個微分所得到的結果，跟先微分再乘以 x 是不一樣的。像是 $3x$ 乘以 x 再微分，答案是 $3x\times x=3x^2$，$(3x^2)'=6x$；但是 $3x$ 微分再乘以 x 的結果卻是 $(3x)'=3$，$3\times x=3x$。即位置（乘以 x）與動量（$\dfrac{h}{i}\dfrac{\partial}{\partial x}$）不可以交換，$x\dfrac{h}{i}\dfrac{\partial}{\partial x}\neq\dfrac{h}{i}\dfrac{\partial}{\partial x}x$。

　　最後是能量算符哈密頓算符，針對單一個粒子時，也是如下般的複雜形式：

$$\mathcal{H}=\dfrac{h^2}{2m_e}\dfrac{\partial^2}{\partial r^2}+V(r)$$

m_e 是電子等粒子的重量，$V(r)$ 是位能，$\dfrac{\partial^2}{\partial r^2}$ 是連續偏微分兩次的意思。為什麼這麼寫呢？請不要追究為什麼。當然哈密頓算符跟位置、動量一樣，也是不可置換的。

3 | 進退兩難的測不準原理

在電子槍的實驗中，我們無法得知從電子槍射出且通過擋板開孔的每個電子，實際將抵達哪個位置的檢測器上。經過無數反覆的實驗，只能知道哪個位置會有多少比例的電子抵達。也就是只能知道機率上集中的位置，以及分布範圍等不準確的大概狀況。一般稱可能集中的位置為期待值或平均值，不準的程度則以標準偏差（散亂情形、偏差值）表示。所以，量子力學的世界不同於一般，無法量測到一個具體值，只能夠知道期待值與不準程度。

「在時刻 t 的能量 E」這句話中出現兩個量，要同時決定這兩個量時，必須要考量到這兩個量各自的不準程度。如果說時間 t 的標準偏差是 Δt、能量 E 的標準偏差是 ΔE，則可知這兩個量之間有 $\Delta t \Delta E \geq \hbar / 2$ 的關係，$\hbar$ 是普朗克常數（普朗克常數除以 2π），這樣的關係稱為**測不準關係**。

測不準關係是說，為了正確測量時間，我們會盡可能減小不準度 Δt，但同時卻會讓能量測量值的不準度變得非常大。量子力學無法同時精確測量到時間與能量，當然，這絕對不會發生在古典力學裡。量子力學之所以會有這種情形，是因為普朗克常數非零所致。

兩個量之間怎麼會存在著測不準關係？只要先盡可能正確測量到時間，求出時間值，接著再小心測量能量，便能減低兩個量的不準度，不是嗎？這只有在第一個量的測量結果不影響下一個量的測量結果時才有可能。請回想測量問題，測不準關係是量子力學世界的本質。

另外，位置與動量之間同樣存在測不準關係，位置的標準偏

○不能同時測定兩個量？

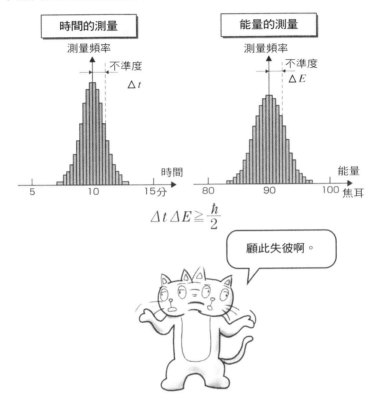

$$\Delta t \, \Delta E \geqq \frac{h}{2}$$

顧此失彼啊。

差 Δx 與動量的標準偏差 Δp 之間有 $\Delta x \Delta p \geqq h/2$ 的關係。從這個不等式可以看出，為了正確決定動量，得減小動量的標準偏差（Δp），但這將使位置的標準偏差（Δx）變大，因而無法正確決定位置。相反的，要正確決定位置，動量值會變大變散亂。

4 攝氏零下 273 度的零點振動

　　零點振動是與測不準原理有關的一種現象。零點振動當然不是得零分的學生要賴，老師屈服讓他及格，而是一種量子力學的現象。

　　生活中的物質都是由原子與分子所組成，原子與分子會在物體中運動。例如在水蒸氣這類高溫的氣體中，水分子運動激烈，即使溫度下降，變成液態的水，水分子的運動趨於和緩，但它還是在動。當溫度降到更低，變成冰之類的固體，分子無法做大幅運動，變成在固定位置的振動。古典力學認為，溫度越是降低、分子的振動會變得越小，最後將完全停止振動，這時的溫度即絕對零度，相當於攝氏零下 273 度。

　　但是在量子力學的世界裡，即使是絕對零度，原子、分子仍會振動，這樣的運動被稱為零點振動。

　　現在，讓我們將球靜置於箱中，會發生什麼事呢？球保持被置入時的狀態，看不出有任何的改變，但其實它們正做著零點振動，只不過我們看不出那樣的振動。將電子關進小箱中，電子會

開始暴動。即使是原先靜止的電子，一被置入箱中，不可思議地會馬上開始運動。在量子力學的世界裡，能量狀態最低時的動能並不一定是零。

根據測不準原理，位置的不準度（標準偏差 Δx）關係到動量的不準度（Δp）。當位置的不準度越小，動量的不準度就越大。將電子關在小箱中，使電子受到限制，位置的不準度因而變小。箱子越小，位置的不準度越小，結果使動量的不準度變大，造成電子激烈運動的機會大增。

所以，零點振動是測不準原理的必然結果。

將電子關在箱中聽起來匪夷所思，但是那跟原子的結構是很像的。假設原子的大小是 a，電子被關在原子裡，電子的位置不準度 Δx 會是 a 左右。根據測不準關係，電子的動量 Δp 最少都有 $h/2a$，所以這個動量的動能至少是

$$\sim \frac{(\Delta p)^2}{2m_e} \sim \frac{h^2}{8m_e a^2}$$

這裡求出的能量，就是構成原子的電子能量。事實上，這個數值跟原子內的電子能非常吻合。

在我們身處的世界裡，吉他不會自己彈奏出聲音，但是在量子力學的世界，因為零點振動的緣故，弦會自己振動，吉他會自己發出聲響。宇宙中應該也充滿著這類的零點振動。

5 | 神奇的穿隧效應

　　量子力學的另一個現象「**穿隧效應**」（tunnel effect），也經常出現在我們的日常生活中。

　　根據測不準關係，時間的不準度與能量的不準度成反比。換句話說，如果可以不管時間變化，便可以精確決定能量。即在處理不隨時間改變的固定問題時，因為沒有了能量不準度的問題，也能在量子力學的世界裡維持能量守衡。

　　但如果狀況的每個瞬間都不一樣，將無法確定能量。以下則舉例說明。

　　鈾這類很重的元素會放出輻射線，並衰變成別的元素。隨著放出的輻射線不同，衰變成的元素種類也不同。α 衰變指的是從原子核釋放出 α 粒子（相當於一個氦原子核的複合粒子）的現象。通常，α 粒子被原子核的核力束縛，不可能輕易被甩出。核力的位能形狀就像火山的噴火口，將 α 粒子封閉在火山裡，α 粒子本身並沒有足夠可以飛離火山口的能量。

　　但是，事實上衰變會自然發生。伽莫夫（George Gamow）利用穿隧效應說明了這個現象。他指出 α 粒子雖然不帶有可脫離核力的能量，但是因為測不準原理，可以在瞬間獲得極大能量而掙脫原子核的束縛。這情況很像在火山的側腹挖隧道，岩漿順勢從隧道噴出一樣，所以又叫做穿隧效應。

　　這個現象也可以用井底的青蛙來說明。一旦井的深度大於青蛙所能跳躍的高度，在古典力學裡，青蛙是絕對無法跳離這座井的。但是只要井的深度並非無限深，就絕對有機會。在量子力學的世界裡，青蛙可以藉由穿隧效應離開井。

　　再用其他的例子說明。玻璃等的絕緣體一般無法導電，但是

沒有可越過高山的能量

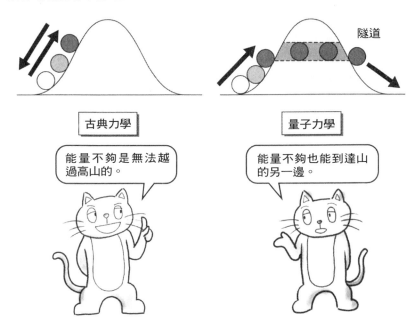

古典力學

能量不夠是無法越過高山的。

量子力學

能量不夠也能到達山的另一邊。

將此絕緣體處理得很薄，讓厚度僅有一億分之一公尺左右，並在兩側連結電線，電流就可以通過。雖然電線中的電子一般無法越過絕緣體的屏障，但是只要能在瞬間獲得大的能量，就可以越過障礙，看起來就像是在山腹挖掘一條隧道，電子穿越隧道到另一側。以波而非粒子的觀點來看電子，或許較容易理解穿隧效應。

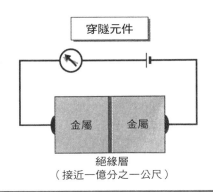

穿隧元件

金屬　金屬

絕緣層
（接近一億分之一公尺）

Column 6

分析性的思考

近代自然科學的發展得歸功於分析性的思考。分析性的思考是指將現象分解成各種構成要素後，進行思考，取得各個要素的正確知識，進而釐清各要素間的因果關係，以求理解整體的思考方式。透過這樣的思考方式，特別是物理學、化學都成就了非常耀眼的發展。例如將物質分解成分子、原子進行思考，並闡明各自的性質，讓人們對於各種物質的性質有了統一的了解。藉由這樣的理解認知，將構成要素的特徵應用在鋼鐵產品、電子零件、醫藥用品等方面，使我們的生活越來越文明。量子力學的發展成形同樣肇因於分析性的思考。

人類努力利用這樣的方法，要合理解釋自然界的現象。一開始，分析方法確實發揮了實力，使科學有很大的進步。但是科學越進步，分工越細，我們越來越難看清大自然的全貌。是不是理解了何謂基本粒子，我們就能完全了解由基本粒子所構成的這個世界呢？並非如此。而且部分的理解就是整體的理解，這個概念充其量只是思考方式的一種罷了。整體既是整體，也可以是大於部分與部分所形成的集合。就好像知道什麼是手、腳、心臟，也不見得就能理解人類一樣。

類似 A 所引起的結果會造成 B，這類單純的因果關係的發生機率並不高，更多時候是 A 所引起的結果會變成 B，所造成的影響使 A 變成 A′、B 變成 B′……這類循環的因果關係。一般僅在非常簡化的場合，才有可能以片斷理解整體。最近有人反省這類的分析性思考，主張不進一步將狀態還原到構成的要素，而是直接在複雜的狀態下研究複雜事物，這種複雜性思考方式逐漸受到矚目。

測量問題與「將巨觀現象視為微觀現象的總合」的思考方式或許有關也說不定。

7

悖論

因為量子力學可以解釋古典力學無法說明的許多現
象，被認為是目前為止正確的觀念。但是有關波動
函數的機率解釋等，至今仍無法令人滿意。接著就
來看看薛丁格反駁機率解釋所提出的假想實驗。

1 薛丁格的災難　愛因斯坦的抵抗

　　愛因斯坦所提出的相對論與量子力學並列為現代物理學的兩大支柱。相對論的架構幾乎由愛因斯坦一人建構完成，相對論的本質可以簡單歸納為一句話，「對等看待時間與空間」。

相對的，量子力學是由普朗克、愛因斯坦、薛丁格、波恩（Max Born）、波耳、海森堡等多位物理學家幾經波折建構出來的。從他們彼此之間曾經發生過的許多爭論可以看出，量子力學並不是一門清楚易懂的學問。

　　量子力學的本質無法像相對論可用一句話道盡，大學理工科系在教授這門課時，仍像是在教一門「剛出爐的學問」，因為至今仍有許多疑點未被釐清。

　　例如薛丁格最初將自己對波動函數的想法描述給波耳等人聽的時候，就完全不被接納，甚至被否定，薛丁格還因此生了一場大病。據說前往探病的波耳又在病榻前與薛丁格議論了起來，試圖說服薛丁格放棄他的想法。

　　愛因斯坦也是如此。雖然是他最先提出光量子的概念，但是他卻反對成形後的量子力學僅能以機率來說明事物，一直到死前，他都不願承認量子力學。到了晚年，愛因斯坦的興趣不在量子力學上，而是轉移到發展「統一場論」（Unified Field Theory）。愛因斯坦希望藉由統一場論統一解釋「重力、電磁力、原子核內的作用力（強力）與核反應有關的力（弱力）」等存在於自然界的四種力量，不過並沒有成功。在當時甚至被譏諷為天才也會失足，不過後人已能理解他研究的重要性。從這裡也可以看出，愛因斯坦至死不願承認的量子力學，或許還真是個未完成的學問。

（照片提供：American Photo Library）

來自世界各地，齊聚在第五屆索爾維會議（Solvay Congress）的物理學家。
前排左起：藍穆爾（Irving Langmuir）、普朗克、居禮夫人、勞侖茲（Hendrik
　　　　　Antoon Lorentz）、愛因斯坦、郎之萬（Paul Langevin）、辜伊（
　　　　　C. E. Guye）、威爾森（C. T. R. Wilson）、理查森（O. W.
　　　　　Richardson）。
中排左起：德拜（P. Debye）、克奴森（M. Knudsen）、布拉格（William
　　　　　Lawrence Bragg）、克拉瑪斯（H. A. Kramers）、狄拉克、康普
　　　　　頓（A. H. Compton）、德布羅意、波恩、波耳。
後排左起：皮卡德（A. Piccard）、韓利歐（E. Henriot）、艾倫費斯特（Paul
　　　　　Ehrenfest）、赫爾岑（E. Herzen）、董德（Th. de Donder）、薛
　　　　　丁格、維爾夏費爾德（E. Verschaffelt）、庖立（Wolfgang Pauli）、海
　　　　　森堡、佛勒（R. H. Fowler）、布里洛（L. Brillouin）。

　　連建構量子力學的物理學家自己都充滿疑惑，我們會覺得量
子力學難懂，也是無可厚非的事呀。

2 薛丁格的貓

薛丁格認為波動函數代表實際波的實體，波耳等人則反對他的說法，指出「波動函數代表機率」。如今的量子力學認為波耳等人的解釋才是正確的。

但是薛丁格為了反駁這樣的解釋，所提出的「**薛丁格的貓**」**的假想實驗**至今卻未獲得清楚的解答。跟晚年批判量子力學的愛因斯坦一樣，薛丁格也因為無法接受量子力學的解釋而失去對它的興趣，並改變了研究領域。

那麼，「薛丁格的貓」的假想實驗內容是什麼呢？首先要準

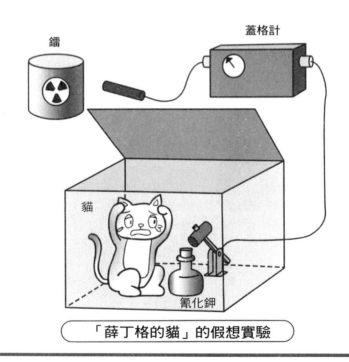

鐳　　　　　　　　　　　　　蓋格計

貓

氰化鉀

「薛丁格的貓」的假想實驗

備一個看不到裡面的大箱子，接著在箱中置入鐳這類會放出輻射線的物質，以及可以檢測輻射量的蓋格計（Geiger Counter）。現在，假設每經過一個小時放出輻射線的機率是 1/2，也就是說測到第 10000 次時，其中大約有 5000 次都測到有輻射線。只測量一次的話，無法確定能否實際檢測到輻射線；測第二次時，可能兩次都測得或者都測不出輻射線，也可能測得一次，另一次無法測得。只要檢測的次數夠多，會有一半的機會檢測到輻射線，這就是所謂的機率。

進一步設定當蓋格計檢測到輻射線時，鐵鎚會擊碎裝有氰化鉀的瓶子，釋放出的氰化鉀氣體的量可以在瞬間毒死一隻貓。

最後將貓放進箱中，關上蓋子。請問一個小時後，貓是死是活？一個小時後打開蓋子，我們就可以知道答案。如果重複實驗 10000 次，則貓的死活機率各半。

薛丁格利用這個問題想要問的是，一個小時後，在打開蓋子的那個瞬間之前，貓的狀態為何？根據波耳及其他科學家的解釋，應該是貓活著跟死了的兩種狀態的疊加。在打開蓋子的瞬間，活著、死了的兩種狀態發生「波包的縮併」，面臨到必須決定其中一個狀態的時候。薛丁格的問題是，貓不可能處在既生又死的「半生半死」狀態。

就算是上帝，不打開蓋子也無法得知貓是生是死吧。為什麼貓無法決定自己的生死，卻是由觀察的人類來決定呢？貓跟人到底哪裡不同呢？是因為觀察者的意識參與其中嗎？在這項議論中，薛丁格語帶諷刺地說：「看來 Ψ 波（/saɪ/ 波，即波動函數）的理論已成了心理學（psychology）的理論囉。」

可惜的是這個問題一直無解。因為波耳的解釋在微觀的世界裡通行無阻，因此物理學家目前都不去思考這個問題。

●Psychology 讀作 /saɪkalədʒɪ/，薛丁格是取拼音加以嘲諷。

3 | 平行的世界

　　本書反覆提到電子是粒子也是波。根據現在量子力學中標準的波耳派解釋，用波動函數這個波來表示在哪裡、有多少的機率可以發現電子，一旦在某個地點測量到電子，機率的波會在瞬間縮併，讓電子看起來像粒子。

　　薛丁格反對這樣的解釋，而提出「薛丁格的貓」的假想實驗，顯示波耳的解釋在我們日常生活中有多麼的玄妙。為了回答這個問題，有人提出多重宇宙（multiverse）的解釋。

　　在波耳的解釋裡，箱中的貓處於生與死的狀態的疊加，在打開箱子的瞬間，要決定地是生是死。也就是說直到箱子被打開以前，我們都無法知道結果到底會如何，但是一打開就會出現一種結果，所以「未來只有一個」。

　　那麼箱中的貓到底是生是死呢？在多重宇宙的解釋裡，未來有許多分支，所有可能的世界平行分布、存在。也就是說，薛丁格的貓是平行存在於生的世界與死的世界裡。當我們打開箱子要確認貓的狀態，看到活著的貓代表我們看到的是貓活著的世界，萬一貓死了，代表我們看到的是貓死亡的世界。而我們有 1/2 的機率實

貓活著的未來

際看到其中任何一個世界。

只要有多少種可能性，就有多少個世界平行存在著，隨著事情的演變會一直分支下去。你我都一樣，也是存在於各種可能性世界裡的居民。早就有一個看到活貓的你，以及看到死貓的你存在於各自的世界裡。

貓死了的未來

如果現在的你因為賭博輸錢而一文不名，或許另一個世界裡的你是個大富翁，所以沒有必要垂頭喪氣。但是，由於你不可能跟有錢世界的自己借錢，所以仍無法改變現有的生活。

根據多重宇宙的解釋，我們可以不去管，為什麼生的狀態與死的狀態這兩種完全相反的狀態會剛好各半疊加在一起。取而代之的是，我們得去接受兩個以上的世界同時存在的類似科幻小說的假設。

兩者都是我的未來，這世界真複雜啊。

4 量子力學式的「扭曲」方法

　　根據愛因斯坦的相對論，沒有任何物體的速度比光快。光的傳播速度最快，就連資訊的傳遞也無法比光快。

　　光速非常快，每秒 30 萬公里（相當於每秒 3 億公尺），但是如果要到距離我們幾光年，甚至幾萬光年的遙遠宇宙旅行的話，即使以光速旅行，也還要花上幾萬年。換句話說，星際旅行幾乎是天方夜譚。假設真的到達幾萬光年遠的目的地了，要聯絡地球，還得再花上幾萬年的時間。

　　在描述要到遙遠宇宙旅行時，科幻小說大都會採用「扭曲」

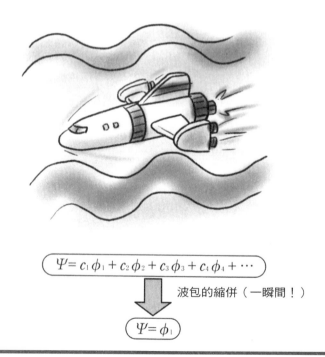

$$\Psi = c_1 \phi_1 + c_2 \phi_2 + c_3 \phi_3 + c_4 \phi_4 + \cdots$$

波包的縮併（一瞬間！）

$$\Psi = \phi_1$$

（warp）的概念。看過《星際大戰》的人對此一定不陌生。一般想到的是扭轉空間的相對論做法。假設有一張紙，要從紙的一端到達另一端時，沿著紙面行進的距離很長，但是將紙捲起，就能讓兩個點相接觸了。這當然純屬虛構，不過，量子力學有不同的扭曲方法，在此就先教大家怎麼做吧。

根據測量理論，代表可能性、機率疊加的波在被測量到的瞬間會發生波包的縮併現象，而成為一個確定狀態。為最初的疊加狀態加權，可以寫成 $\Psi = c_1\phi_1 + c_2\phi_2 + c_3\phi_3 + c_4\phi_4 + \cdots\cdots$，隨著波包的縮併，瞬間 Ψ 變成 ϕ_1。這個縮併發生在瞬間，也就是說不受光速的限制。不測量時為疊加的狀態，散布遍及無限遠方的粒子的存在機率，於測量的瞬間變成我們眼前確定的事實，讓我們可以在瞬間獲取遙遠他方的訊息。

有人反對這樣的說法，但是測量問題就像「薛丁格的貓」，因為還不是很明確，所以還有想像空間。

或許可以利用這樣的方法，一口氣扭曲航行到遙遠星球。當然我們不知道實際要如何扭曲，也不知道扭曲對太空船中的人有沒有影響，或許到了二十二世紀，就有辦法利用量子力學式的扭曲航行來一趟星際之旅。小叮噹的「任意門」很可能就是利用了波包縮併的原理也說不定。

一旦扭曲，太空船裡的我不知道會變成怎麼樣！？

5 | 量子國的犯人

　　量子力學的世界是怎樣的世界呢？只要想想「普朗克常數再大一點的世界是怎樣的世界」，你就知道答案了。

　　首先，因為我們本身就是波，所以會覺得手看起來一團模糊，就像全身披覆著毛的雪怪。因為光的能量很高，直接曝曬到陽光會很快被曬傷，所以出門絕對需要防護衣和護目鏡，不能一想到就立刻出門。但是，我們又無法安靜待在家中，因為測不準原理的關係，我們不得不隨時動來動去、一刻不得閒。即使確實緊閉紗窗，室內還是會湧進有存在機率的蚊子，讓人防不勝防。

　　在量子國裡，搜查犯罪非常辛苦。例如在公寓裡發現了一具女屍，雖然她的男友嫌疑重大，但是欠缺決定性的證據將他定

如果我們身在量子力學的世界裡，一切會變得如何？
- 我們的形體會變得模糊。
- 太陽光的能量非常強烈。
- 我們不停地運動。
- 紗窗緊閉，蚊子卻不斷飛入。

●量子國的居民就像不停游動的鮪魚，即使睡覺也不得閒，因而無法熟睡，或許總是為失眠所苦……。

罪。詢問她男友當天的行蹤，他提出了不在場證明：

「當天傍晚六點，我的存在機率分別是 A 車站 40%、B 咖啡店 40%、C 電影院20%。因為正值下班時間，路上塞車，不管我從哪個地方要到郊外的女友家，都要花一個小時的時間，所以我不可能犯案。看完電影，我在六點四十分左右跟朋友見面，這你們可以去查。」

根據他的供詞進行查證，調查員取得了在電影院前見面的友人的證詞。另外，錄口供時也做了測謊，結果他順利通過。所以，至此我們能下結論說他「不是犯人」嗎？

在後來的調查裡，被逼急了的他自白了，內容如下：「當天傍晚六點的存在機率分別是 A 車站 39%、B 咖啡店 39%、C 電影院 19%、女友家 3%，所以上次的供詞幾乎都是真的。我先利用 3% 的機率殺了女友，當時我確實是在她家，之後急忙搭計程車到電影院。那個時間從郊外到市中心的交通很通暢，大概花三十分鐘就到了目的地，所以製造出不在場證明。

「犯案動機是因為她太愛吃醋，讓我覺得很煩。平常我的存在機率分別是女友家40%、新結交的女友家 30%、遊樂場跟串燒店各 15%，但因為她要我 100% 待在她身邊，覺得很煩，就殺了她。」

審判的結果是，有罪的他被判：「被告將有 90% 的機率留在監獄，剩餘的 10% 待在家中。」但是不管監獄的牆再高，利用穿隧效應便可輕易逃脫，所以這世界既混亂又危險。

真要慶幸我們這個世界的普朗克常數不大。

沒錯，我以3%的機率殺了女友。

魏格納的友人

魏格納（Eugene Wigner）是曾獲頒諾貝爾獎的知名物理學家。他提出了「魏格納的友人」這樣的悖論（paradox），要在薛丁格的貓所在的箱中再加入魏格納的友人。因為殺朋友不好聽，所以讓友人帶著防毒面具進入箱中，其他條件都一樣。箱子是密室狀態，魏格納先生人在箱外，無法得知箱中的情形。一旦檢測到輻射線，毒氣將立刻被釋放，而貓就會死亡，他讓友人在箱中記錄貓的狀態。

為了知道箱中的貓是生是死，魏格納先生決定打電話問該名友人。但因為友人並非物理學家，不知道毒氣毒死貓是放射性元素的狀態改變所致。對魏格納先生而言，這個箱子是測量放射性元素的裝置，但是對友人而言，卻是放出毒氣殺死貓的裝置。

在這個問題當中，何時才能確定波包的縮併，也就是貓的生死呢？是在魏格納先生致電友人得知貓的狀態時嗎？或者是友人記錄的時刻呢？在這個悖論中，如果認為友人跟貓一樣，都是記錄裝置，則結果會是前者，波包的縮併發生在魏格納先生致電知道結果時。但真的是這樣嗎？如果波包的縮併發生在友人記錄的當下，那麼友人就成了觀察者，而魏格納先生打電話的動作將不影響放射性元素的狀態觀測。

因此，在量子力學的觀測理論裡，唯有當確實理解現象並擁有知識的存在，且由此存在觀測到該現象時，現象才算被觀測到，波包才真正縮併。延伸思考宇宙的起源，最初的渾沌疊加狀態是何時縮併的呢？何時確定的呢？或許真的有位「存在」注視著這宇宙也說不定。

8

電腦應用了矩陣力學

海森堡與薛丁格不同，他利用數學裡的矩陣來表示量子力學。令人訝異的是，這兩種方法竟然都會產生相同的答案。本章要來學習海森堡的矩陣力學。

1 薛丁格王國與波耳聯邦的戰爭

　　過去量子力學分成兩大流派，一派是以薛丁格為首的**波動力學**，另一派則是海森堡（Werner Heisenberg）與波耳等人所代表的**矩陣力學**。薛丁格出生於維也納，個性孤傲，而波耳是丹麥的物理學家，在英國做完研究後回到故鄉，成為哥本哈根大學的理論物理學教授。

　　波耳在大學的附屬研究所中召集來自世界各國的年輕研究者，致力於指導這些研究者闡明原子結構、催生量子力學。因此，過去似乎有很多人以為矩陣力學才是正統的量子力學。以波耳為中心的這派量子力學被稱為哥本哈根學派。為波動函數賦予今日的機率解釋的，正是哥本哈根學派。海森堡是德國理論物理學家，他先後在哥廷根（Göttingen）與哥本哈根進行研究。

　　薛丁格從「電子也有波的性質」這個假設出發，導出薛丁格方程式，並創建了量子力學。不管內容是否正確，他的假設比較容易懂，可以簡單歸納為：

薛丁格之城

波動力學

1. 物理量是算符。
2. 狀態是波動函數。
3. 薛丁格方程式。

「物理量是算符，狀態是波動函數，解薛丁格方程式則可以算出狀態。」

海森堡則從完全不同的角度建構量子力學。將他的想法與波動力學對照比較，可以整理成「物理量是矩陣，狀態是向量，對角化能量的矩陣可以算出狀態。」

對大多數的讀者而言，海森堡的

海森堡之城

矩陣力學

1. 物理量是矩陣。
2. 狀態是向量。
3. 矩陣的對角化。

見解應該是霧煞煞，對當時的物理學者也是如此，因為矩陣並不是物理學界熟悉的表現方式。不只是矩陣的數學形式教人感到頭大，海森堡的見解本身也很難懂。但因為機會難得，我想在下一節簡單說明「矩陣」與「向量」。

雖然兩人的起始概念完全不同，但是建立出來的兩種量子力學卻都能夠充分解釋實驗結果。薛丁格自己就曾表示，兩種量子力學的表現方式雖然不同，但在數學上是同樣的內容。這兩種理論就像用來表現量子力學的兩種方言。

2 何謂矩陣？

　　矩陣是「許多數字的縱橫排列」。為了好懂，請想像有一份月曆，直行對應星期，橫列對應週。想像要畫一份二月的月曆，假設這一年二月的第一週從星期日開始，也就是 1 號（日）、2 號（一）、3 號（二）、4 號（三）、5 號（四）、6 號（五）、7 號（六），所以要在第一列寫下 1、2、3、4、5、6、7 的數字。接著在第一列的下方寫下第二列數字，也就是 8、9、10、11、12、13、14，然後是代表第三週的 15、16、17、18、19、20、21，以及第四週的 22、23、24、25、26、27、28。

　　矩陣就像月曆一樣，在直行、橫列上排列數字，只不過為了清楚表示行列，要用括號圈住數字。另外，跟月曆不同的是，每

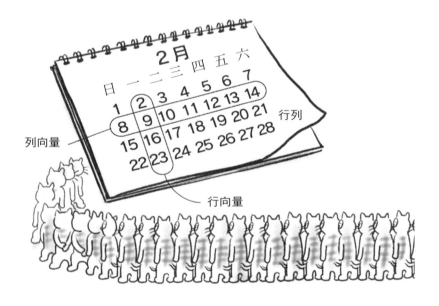

一行每一列上都要填滿數字。以月曆為例，對於天數大於 28 天的月份，或者從星期日以外的某天開始的月份，在沒有數字的星期裡，要置入 0。所以二月、三月可以用行列做如下的表示：

$$\text{二月} \to \begin{pmatrix} 1 & 2 & 3 & 4 & 5 & 6 & 7 \\ 8 & 9 & 10 & 11 & 12 & 13 & 14 \\ 15 & 16 & 17 & 18 & 19 & 20 & 21 \\ 22 & 23 & 24 & 25 & 26 & 27 & 28 \end{pmatrix} \quad \text{三月} \to \begin{pmatrix} 1 & 2 & 3 & 4 & 5 & 6 & 7 \\ 8 & 9 & 10 & 11 & 12 & 13 & 14 \\ 15 & 16 & 17 & 18 & 19 & 20 & 21 \\ 22 & 23 & 24 & 25 & 26 & 27 & 28 \\ 29 & 30 & 31 & 0 & 0 & 0 & 0 \end{pmatrix}$$

行列的優點是可以看出實際狀態，例如提到二月，我們無法立即知道哪一天是星期幾，但是一看行列，像是 14 號，就能很清楚地知道它是星期六。

看到以行列顯示的二月月曆，第一個橫列是 1、2、3、4、5、6、7，第二個直行是2、9、16、23 這樣的數字群。在數學裡，稱這樣的數字群為向量。向量有其意義，看到這個縱行可以立即知道，這是二月份的星期一的日期。為求區別，稱第一週的（1 2 3 4 5 6 7）這類橫向排列為列向量，星期一

$$\begin{pmatrix} 2 \\ 9 \\ 16 \\ 23 \end{pmatrix}$$

這類的縱向排列為行向量。

以上是矩陣的簡單說明，其實並不難吧。

3 | 矩陣力學

　　海森堡主張「許多的物理量都可以用矩陣表示」,雖然他提倡矩陣力學的觀念,但是他並非一開始就懂矩陣。海森堡將論文的原稿拿給研究室的波恩教授看。波恩注意到論文裡所寫的奇妙計算跟以前在大學數學課裡所學到的矩陣相同,因此將海森堡的理論整理成矩陣力學的形式。雖然海森堡因為矩陣力學一人獨得諾貝爾獎,但實際將他的理論整理成矩陣力學形式的,則是波恩。

○氫原子的能階與能階間的遷移

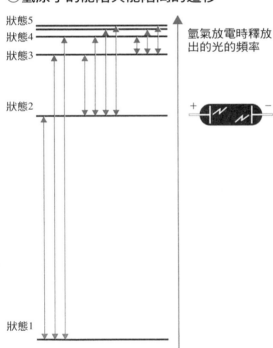

狀態5
狀態4
狀態3
狀態2
狀態1

氫氣放電時釋放出的光的頻率

+ −

　　一般人較不熟悉波恩這個名字。他是在德國出生的猶太人,與之後一起被逐出德國的愛因斯坦私交甚深,是對量子力學的誕生有著極大貢獻的物理學家。波恩後來則因為對波動函數的機率解釋而獲頒諾貝爾獎。

　　那麼,讓我們來思考誕生出矩陣力學的那道

原子問題吧！就是電子會釋放電磁波，進而掉入原子核的不可能發生的問題。海森堡認為與其思考看不見的電子軌道，不如就以測量所需的量為對象來思考。因為我們實際測量到的能量是原子狀態改變時，從原子釋放出光的能量，海森堡認為應該以這個能量為研究對象。

在氫氣中製造放電，並調查釋放出的光的頻率，可以將結果區分成幾個模式。因為光的頻率是由狀態間的遷移所決定，令原子的最初狀態（initial）為 i，之後的狀態（final）為 f，根據 $i \to f$ 的變化，我們可以測量到能量。海森堡決定要研究能量在遷移間的所有變化。

從狀態 1 → 狀態 1、1 → 2、1 → 3、⋯⋯2 → 1、2 → 2、2 → 3、⋯⋯，要將全部的狀態都表現出來，這時若將 i、f 兩個數字縱橫排列，立刻讓人聯想到矩陣。

海森堡用矩陣表現出所有的物理量，而且是行列大到令人害怕的矩陣。假設讓薛丁格對此發表高見的話，他可能會說這不過是一堆毫無具體性的「數學妖怪」。薛丁格則從波動性出發，導出薛丁格方程式，導出必須將所有的物理量當成算符處理的結果。波動函數可以跟矩陣力學中特別的向量對應。如此，從完全不同的角度出發，卻都能導出正確解答，可真是令人驚訝。

海森堡跟薛丁格從完全不同的角度切入，卻都能得到正確的解答！

4 電腦很懂矩陣

對量子力學黎明期的物理學家們而言，矩陣雖然不是他們擅長的工具，但是海森堡從物理量的觀察值所嚴密導出的矩陣力學卻被他們視為正統，對他們非常具有說服力。相反的，薛丁格的波動力學雖然以大家熟悉的微分方程式表示，但波動函數還是讓人半信半疑。

直到人們理解這兩個理論在數學上屬於相同的內容，並且可以獲得相同的解答，薛丁格的波動力學才開始大受歡迎。之後，海森堡、波恩、波耳等正統派，也就是所謂的哥本哈根學派為波動函數附加意義後，薛丁格方程式開始被運用在許多實際問題的解答上。時至今日，很多初學量子力學的人都是從易懂的波動力學著手。

大家或許會認為，既然得到的答案相同，不管是薛丁格的方法，或是海森堡的方法，只要知道其中一項，而且選容易懂的那一項就夠了。這可不行哦。使用一流微分方程式的薛丁格，他的數學式思考對人類來說是比較好懂的，但是電腦並不擅長處理微

海森堡（W. Heisenberg, 1901-1976）

海森堡是德國的理論物理學家，在哥廷根大學當波恩的助手時，也求教於波耳門下，加入量子力學的研究，之後建立矩陣力學的概念。海森堡在引發強磁性機制方面的研究也很有名。

之後擔任柏林的物理學研究所所長，曾經暗示理論上製作原子彈的可行性，但認為以當時德國的工業能力並無法做到。他預測，如果美國傾全力去開發，或許可以做到，但他後來放棄核子彈的開發，並希望科學家能簽訂祕密協定，不過終告失敗。

分方程式。相反的，在海森堡應用的矩陣方法裡雖然有許多矩陣成分的數字，處理起來令人覺得繁瑣，但這卻是電腦很擅長的部分。近來在實際解答複雜問題時，有越來越多時候會利用到電腦來處理矩陣，如果能夠懂得各種的解法，就能因應情況來解答。

跟方程式相比，電腦較擅長處理矩陣。

波動力學與矩陣力學看起來是兩個完全不同的理論，但是有趣的是，兩者都利用到「**不可置換的數學**」。學過矩陣計算的人都知道，行列 A 與行列 B 的乘積一般隨乘的順序不同，結果也會不同，即 $A \times B \neq B \times A$。這跟薛丁格的算符的置換關係相同。事實上，為表現量子力學，一定要利用到不可置換的數學。置換關係是量子力學的本質，而薛丁格與海森堡都各自想出了用來表現置換關係的具體方法。

5 包矢 ＋ 括矢 ＝ 一個完整的括弧

接著要離題介紹**狄拉克記號**。在前一節，我們已經知道波動力學與矩陣力學的表現方式雖然不同，但內容是一樣的，而狄拉克記號則方便我們統一兩者的表現。

狄拉克將矩陣力學裡的（１２３４５６７）這類列向量命名為包（bra）向量，並寫成$<m|$。m 是狀態的代號，例如要表示第一週時，就是$<1|$；若要表示起始狀態的話，使用最初的（initial）的 i，就是$<i|$。同樣的，

$$\begin{pmatrix} 2 \\ 9 \\ 16 \\ 23 \end{pmatrix}$$

這類行向量為括（ket）向量，並寫成$|n>$。因為包矢（＜）與括矢（＞）結合就是一個完整的括弧（＜＞），所以有這樣的命名。寫成$<m|$ 及$|n>$，感覺不像是向量，這是狄拉克的詭計。

再換個話題。我們都知道一般函數 $f(x)$ 是由一組基本的特別函數（基底函數）經過組合而成的。例如要表現 x、x^2、x^3……的組合，可以寫成 $f(x) = c_0 + c_1 x + c_2 x^2 + c_3 x^3$……，並加上適當權數即可。

那麼，我們也來把波動函數寫成這樣，然後收集要加權的權數。可能會是（$c_0\ c_1\ c_2\ c_3$……），因為是數字的集結，所以是向量。此向量隨基底函數改變而變化，但是我們知道函數可用對應的向量表示，並由此理解矩陣力學的向量相當於波動力學中的波動函數。

●基底函數是事物的基本函數的組合，例如要表示位置，若某地是東經 135 度、北緯 23 度、海拔 350 公尺，則東經、北緯、海拔等就是所謂的基底（函數）。

所以，似乎可以括向量｜n＞代表波動力學裡 n 狀態的波動函數。因為我們只介紹這些內容，讀者或許會覺得包向量＜m｜也能作為波動函數。事實上這也是無妨的，只不過若更進一步論述，會發現還是行向量方便使用，因此我們才先提到以｜n＞作為波動函數。實際上，波動函數可能還需要放進適當的基底函數，並做適當加權，但是，看到｜n＞這樣的形式便能知道是波動函數的話，已經足夠。

另外，波動力學中出現的物理量算符 A 在矩陣力學中則以＜m｜A｜n＞這樣的矩陣來表示。迪拉克記號的使用不限場合，可以是矩陣力學或波動力學，既方便又好用。

物理學家與數學家

這裡要介紹幾則諷刺物理學家與數學家性格的笑話。有一天,技術人員、物理學家與數學家三人一起到蘇格蘭度假,從火車車窗向外望,看到一頭黑羊站在草原上。技術人員立即開口說:「真有趣,蘇格蘭的羊是黑色的。」物理學家聽了以後接口問:「你這話是什麼意思呢?你是說蘇格蘭的羊毛裡頭混了什麼黑色的東西嗎?」最後開口的是數學家,「應該這麼說才對,在蘇格蘭至少有一片草原,而那片草原裡至少有一頭羊,那頭羊至少有一面是黑色的」。

還有這樣的笑話:三位專家約好一起去賭馬,並在行前做好功課。技術人員專心研究馬的動作,想辦法要讓馬跑得更快。物理學家則調出過去的檔案,預測哪匹馬可能跑第一。聽說數學家是這麼說的,「我已經證明出,最後一定會有一匹馬跑第一」。

能否說技術人員著重在有用的具體事象上,物理學家則重視現象背後潛藏的抽象化概念,而數學家則重視論據是否嚴謹呢?

技術人員可能覺得物理學家跟數學家光說不練、沒有貢獻。而物理學家可能覺得數學家太龜毛,可用就好,何必非要有繁瑣的證明。但是有趣的是,技術人員遇到瓶頸時,會去請教物理學家,而物理學家有疑惑時,則會謙遜地向數學家請益,是否有描述物理現象的好方法?世界就是需要這麼多不同類型的人,才能運作得宜。所以量子力學靠物理學家催生,又靠著數學的矩陣、群論等方法加以確立,技術人員才能享受它的成果。

不過,牛頓是建立微積分的數學家,他發現了萬有引力定律,並倡導光的粒子說,同時還會煉金術,也會製造望遠鏡,是個全能的天才。但傳說他是猜疑心重、占有慾強的野心家,果然有一好就有一壞。

9
粒子不可分辨

除了第四章提到的二元性，量子力學的另外一個大
特徵是「不可分辨性」。什麼是「粒子的不可分辨
性」？不可分辨會造成怎樣的結果呢？接著要來探
討對粒子狀態影響重大的不可分辨性。

1│不可分辨性

　　量子力學還有一個很重要的地方跟古典力學不一樣，那就是不可分辨性。聽起來有點難，意思是說「同種的粒子無法分辨（辨別）」。

　　在我們的日常生活裡，以人類為例，除了同卵雙胞胎這類特殊情形外，彼此是可分辨的。所謂可分辨，是說可以為每個人命名，人跟名字可以總是搭配在一起。在一個眾人群聚的宴會會場裡，假設有位鄰國公主入場了，姑且稱這位公主為豐子公主吧。我們可以分辨出先進入會場的另一國公主晶子，跟之後入場的豐子公主。開舞後大家混在一起跳舞，

但還是分辨得出誰是晶子、誰是豐子。在場外等候的侍衛，只要看到豐子出現，就能立刻知道她是豐子公主。

　　但是在量子力學的世界裡，同種的粒子無法分辨。將「豐子公主電子」放進已經存在很多電子的箱中，過不久有電子飛出箱

另一位公主進場囉。

外，沒有人能
夠知道那顆電
子會是「豐子
公主電子」或
「晶子公主電
子」。這就是
「同種的粒子
無法分辨」的
意思。

再以同種粒子的撞擊為例，
進一步說明**不可分辨性**。在古典
力學中，粒子的位置與速度是某
個固定值，可以時時刻刻追蹤到
粒子。也就是能為該粒子命名，
好跟其他粒子區別開來。即使惠
子粒子與幸子粒子靠近、碰撞，
之後我們還是能知道他們各自是
誰。

分不清楚誰是誰

但是在量子力學裡測量特定的粒子，光是測量這個動作就會
擾亂原先的狀態，因此無法為粒子命名。又因為僅能以機率表現
粒子，所以粒子就像雲一樣的模糊。假設現在為兩顆粒子分別命
名為惠子與幸子，當兩朵雲靠近、碰撞再分開之後，我們也搞不
清楚誰是惠子，誰又是幸子了。

不可分辨是量子力學的本質，同種粒子無法分辨。

2 電子計分板理論

　　讓我們使用電子計分板模型來解釋不可分辨性。諾貝爾物理獎得主朝永振一郎博士利用電子計分板說明粒子的運動。電子計分板是由縱橫排列的許多小燈泡組成，藉燈泡的點滅組合成文字，或者做出文字移動的效果。即使裝置了燈泡，在不點燈的狀態下什麼也看不見，可以想像這樣的狀態為真空狀態。

　　現在，點亮一個燈泡代表一顆粒子的狀態，就稱這顆粒子為惠子吧。接著點亮右邊的燈泡，並熄滅之前亮著的那顆燈泡，重複這個動作時，感覺惠子正往右邊移動。

　　接著在右邊的盡頭另外點亮一顆燈泡，再製造一顆新的粒子，稱為幸子，並讓幸子往左移動。惠子往右，幸子往左，然後在途中撞在一起、彈回。我們能夠分辨出彈回後的粒子哪顆是惠子，哪顆是幸子嗎？不可能。可能各自被彈回相反的方向，也可能錯身而過，但行進方向不變。沒有人可以知道誰是誰。

　　這樣的解釋看來古怪，但是卻與「場」的概念（空間被不知是什麼的物質所充滿）吻合。牛頓認為物體以外的空間是空虛的，物體之間的相互作用（如庫侖力）是直接、瞬間的傳遞。法拉第則認為一點到另外一點的力量傳遞並非瞬間完成，而是以一個有限的速度進行。大家都知道，將磁鐵棒放在桌上，覆蓋一

看起來什麼都沒有的空間其實充滿著不知是什麼的物質，這就是「場」的概念。

張紙並灑上鐵砂，則鐵砂將沿著通過磁鐵 N 極與 S 極的曲線排列。鐵砂所形成的線，正是被稱為磁力線的力線。法拉第認為力線實際存在於空間中，而能量經過力線擴散開來。

　　這個充滿力線的空間被稱為「場」。「場」是能量的載體，所以能量的傳遞並非瞬間，而是以有限的速度傳遞出去的。僅有初等數學知識的法拉第憑著對物理的直覺，在物理學裡確立了「場」這個革命性的概念。這個概念不但解釋了複雜的電磁現象，也連結到狄拉克的輻射場量子論，促成相對論量子力學的發展。

○利用電子計分板說明不可分辨性

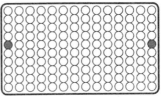

惠子粒子與幸子粒子分別出現在電子計分板的左右兩側。

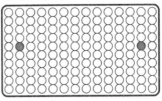

惠子粒子往右，
幸子粒子往左，

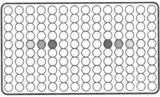

一起前進。

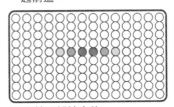

兩顆粒子相撞之後，

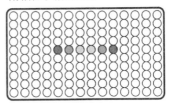

你知道誰是誰嗎？

3 | 如果無法分辨粒子的話

　　相對於古典力學說「粒子可分辨」，我們已經知道在量子力學裡，「粒子是不可分辨」的。一旦粒子不可分辨，到底會發生什麼事呢？在日常生活裡，如果人與人無法區分，很多事會很不方便，在微觀的世界又是如何呢？

　　可分辨與不可分辨會影響狀態的數目。接著就用將 A、B 兩球置入紅色箱子與黑色箱子的例子來做說明。

　　在日常生活裡，就像古典力學的觀念，這兩顆球是可分辨的。可以先在球身上標示A、B，這麼一來，就有四種放進箱中的方法：

① 將 A、B 兩球都置入紅色箱中，不置入黑色箱中。

② 將 A 球置入紅色箱中、B 球置入黑色箱中。

③ 將 B 球置入紅色箱中、A 球置入黑色箱中。

④ 不置入紅色箱中，將兩球都置入黑色箱中。

因為球可分辨，所以①和②的狀態是不同的。任意將 A、B 兩球置入兩個箱中，最後成就的狀態由 1/4 的機率決定。

　　那麼量子力學的世界又是如何呢？因為球無法分辨，所以置入箱中的方法只有：

① 將兩球都置入紅色箱中，不置入黑色箱中。

② 紅色箱與黑色箱各置入一球。

③ 不置入紅色箱中，將兩球都置入黑色箱中。

只有這三種情形。將兩球置入兩種顏色的箱中，最後成就的狀態由 1/3 的機率決定。

　　普朗克將能量分配給不同頻率的光的做法，並非粒子可分辨的古典力學的做法，而是粒子不可分辨時的做法。

將球置入兩個箱中的方法

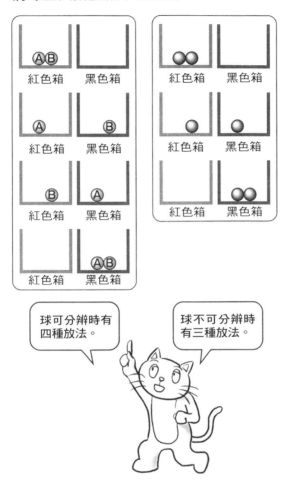

球可分辨時有四種放法。

球不可分辨時有三種放法。

在置球入箱的例子裡，可能有人會覺得機率的差異不大，但是各個能量狀態能分配到多少個電子、光子（球），卻是決定物質性質的重要關鍵。分配到的電子數目不同，物質可能成為半導體、磁鐵，或是金屬。不可分辨性使它的機率跟古典力學計算出來的機率不同，這是個非常重要的性質。

4 玻色子與費米子

　　物理學家深入研究「粒子不可分辨」的意義後發現，波動函數必須符合特殊的條件，粒子才有不可分辨性：即置換粒子後的波動函數要與原本的波動函數一模一樣，或者僅是「＋／－」符號的改變。物理學家稱這件事為「波動函數要滿足對稱或反對稱性」，意思是說粒子有兩類。

　　這兩類的粒子分別以兩位科學家的名字來命名，一為「**玻色子**」，另一為「**費米子**」。據說印度物理學家玻色（Satyendra Nath Bose）最初將研究結果投稿到歐洲的學術期刊時，被以「沒有論文價值」為由拒絕登載。之後是愛因斯坦理解到它的重要性，玻色的研究才被承認。不管在什麼時代，保守的人們總是較難接受新思想、新概念。對於玻色，可能又加上了種族方面的歧視也說不定。費米（Enrico Fermi）是義大利的物理學家，除了研究粒子的統計外，在輻射同位素方面的研究也很有名。

　　玻色子家族的代表粒子有光子（光）、聲子（聲音）等，比較特別的是存在超導體中，在沒有電阻的情形下運送電子的古柏電子對（Cooper pair）。古柏電子對是以聲子充當膠水，黏住兩個電子的複合粒子。稍後我們會知道電子屬於費米子家族，而偶數個費米子所形成的複合粒子，則屬於玻色子家族。

粒子有兩類

	玻色子	費米子
粒子範例	光子、聲子 π介子 古柏電子對 　電子　聲子　電子	電子、正子 質子、中子
特徵	波動函數對稱 形成玻色— 愛因斯坦凝聚體	波動函數反對稱 滿足庖利不相容 原理

●也有人說玻色子是「遵循玻色—愛因斯坦統計的粒子」。

玻色子家族的粒子不管個數有多少，都能呈現相同的狀態。
將紅色箱、黑色箱等各種不同顏色的箱子想像成是不同的能量狀
態，只要我們願意，要在一個箱中放入多少個玻色子都行。例如
有 1000 個玻色子，可以將其中的 990 個都放進受歡迎的紅色箱
中，有個性的 9 個放進黑色箱中，剩下的一個古怪粒子放進黃色
箱中，都是可以的。

　　一般粒子喜歡占據低能階，所以大部分的玻色子都占據在低
能階，偶爾出現活力充沛的粒子跳躍到較高的能階，也是很自然
的。我們稱玻色子占據在相同狀態的情形為「玻色─愛因斯坦凝
聚（或玻色凝聚）」，超導體狀態可用這個凝聚效應來說明。

可惡，玻色最初投稿的研
究論文竟被譏為「沒有論
文價值」而被拒絕刊載。

5│電子是費米子

費米子家族的代表粒子是電子、質子等，是最像粒子的粒子。我們可以接受「電子是粒子」的說法，但是對於「光是粒子」的說法就很難接受，這是因為我們對於電子與光有不同的印象，或許我們已經先入為主地認為它們是不同的族群。另外，上一節提到偶數個費米子所形成的複合粒子是玻色子，而奇數個費米子所構成的複合粒子則屬於費米子家族。

費米子不同於玻色子的地方，在於兩個以上的相同粒子無法共存於相同狀態，每個箱中只能有一個同種類的費米子。

因為電子可分成上自旋與下自旋兩種狀態，可視為不同的狀態。如果覺得「自旋」這個用語不容易懂的話，請把它想成是人類，人類分男人與女人。只不過，自旋可在兩種狀態間變換，上自旋的電子不會一直保持向上的自旋。

我們視上自旋與下自旋的電子為「不同的粒子」，因此一個箱中可以放進一個上自旋的電子，或一個下自旋的電子，或上自旋與下自旋的電子各一個。也就是說，費米子家族部

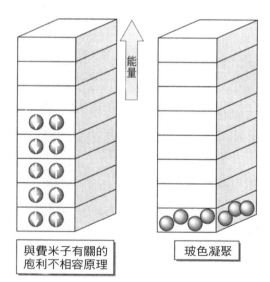

能量

與費米子有關的
庖利不相容原理

玻色凝聚

落的規定是，一個家裡最多只能住進男女各一人。可以有沒人住的空屋，也可以只住一個男人或一個女人，或者一男一女同居，但是不允許三角關係或者同性同住。這個規定以發現者的名字為名，稱為「**庖利不相容原理**」。

如果是電子的話，首先會有上自旋與下自旋的電子進入最受歡迎的紅色箱中，接著是人氣次高的藍色箱子，依照人氣的順序進入各個箱中，要將 1000 個電子置入箱中，便需要 500 個以上的箱子。一般粒子喜歡占據低能階，因此費米子會依序從低能階占據到高能階。此時，被壓在底下的費米子無法移動，較高能階的費米子才能隨心所欲移動。所以大家應該已經知道先前說明的玻色子與這裡的費米子完全不同了吧。

這位庖利（Wolfgang Pauli）是瑞士的物理學家，聽說是位待人甚嚴的頑固理論家。理論物理學家以理論為中心，偶爾碰觸實驗裝置，大抵都會將之損毀。聽說理論物理學大師庖利甚至只要一靠近實驗大樓，裡頭的實驗裝置就都不能動了呢。

寫過許多物理學啟蒙書的物理學家伽莫夫（George Gamow）稱理論物理學家弄壞實驗裝置的現象為「庖利不相容效應」喔。

●「庖利不相容原理」也可簡稱為「庖利原理」。

Column 9

不可分辨性之謎

我們說明過，量子力學的特徵之一是粒子的不可分辨性，但是同種粒子竟然無法分辨，還是讓人稍有不解。難道沒有重量稍微不同的電子存在嗎？

如今科學家多同意宇宙在最初是一個點，經過被稱為大霹靂的爆炸後，才開始膨脹。據說宇宙的構成物質有大約 98% 都是在爆炸後不到一秒的時間內生成的。在經歷大爆炸的高能量狀態一秒後的宇宙裡，已經產生了微中子、電子、正子，以及質子、中子等基本粒子。這些粒子各自在光之海中運動。如果說電子真的是在如此短的時間內，於同一個地方被製造出來，再膨脹擴散到整個宇宙，那麼說火星大氣中的電子跟地球海洋裡的電子都是一樣無法分辨，還真說得過去。或許，另外又發生一次大霹靂，再生成一個宇宙，會使那裡的電子的重量、電量、光速，以及普朗克常數等值都跟現在的不一樣，這說不定也是有可能的。

更科幻的講法是，同一個粒子不可分辨，可能意味著這個世界上只有那麼一個粒子。在四度座標中，以空間軸為橫軸、時間軸為縱軸來表示粒子的運動時，會是一條在時空圖上的線（世界線）。有很多粒子，就會出現等同粒子數目的世界線。假設只有一條線，代表只有一個粒子。線的扭轉彎曲，代表相同的粒子於同一時刻出現在不同場合。

手塚治蟲的漫畫《火鳥》中，描寫一位年輕女孩從外在世界進入一個封閉空間，殺死一位年老尼姑，結果卻無法回到原來的世界。女孩努力積功德以彌補罪過，沒想到年老後卻被來自外面世界的年輕自己給殺死。意思是說同一個女人重複出現在同一個場所，或許在基本粒子的世界也會出現這樣的情節。

10

原子的世界

量子力學在我們日常生活的微觀之所在貢獻良多，
因為構成物質的原子世界就是量子力學的世界。本
章要學習原子中的電子狀態、核分裂、核融合等與
原子有關的問題。

1 | 歡迎進入微觀世界

　　來看看量子力學所支配的微觀世界是什麼樣子？每一個物質經過細分，最後都會變成再細分就要失去該物質性質的最小單位，也就是基本單位；這個基本單位，就是原子。化學教科書告訴我們，週期表裡的 103 種元素是物質的基本單位，其他則是人工製造出來的不安定元素。但是很難想像基本單位竟有如此多種，還是解釋成原子是由幾種最基本的粒子構成，經過組合，形成各種元素較為自然。

　　普呂克在放電實驗中發現電子（陰極射線），之後，電子的重量、電量才陸續被正確測量出來。結果證實電子就像法拉第在電解實驗中所發現的，「是運送電的物質」。隨著放電研究的進步，後來發現了帶正電的陽極射線，證實原子之所以帶正電，是因為電子被取走的緣故。於是在二十世紀初，物理學家都相信原子裡面存有帶負電的電子，它的重量是原子的 1/1836。

　　接著，貝克勒（A. H. Becquerel）發現天然鈾會源源不斷地放出帶電的輻射線，而且不受外部的影響。貝克勒因而思考一定是原子的內部發生了什麼。拉塞福（Ernest Rutherford）為這個現象下結論，說該輻射線是鈾原子變成別的原子時所發生的結果。貝克勒發現的輻射線是由 α 射線（帶正電的氦原子核）、電子所構成的 β 射線，以及類似 X 光的 γ 射線三種所組成。於是原子的結構越來越明朗：原子裡有帶正電、很重的原子核，以及帶負電、很輕的電子，而原子核裡又另有結構——原子核由質子與中子組成，帶正電的質子數目越多，正電粒子之間的反作用力越大，原子核將越不安定，因此質子的數目有限，所以元素的種類也只有 103 種。

　　週期表乃依照元素所帶的電子數目，即原子序加以整理的。令人驚訝的是，依照原子序的順序排列，擁有類似化學性質的元素竟呈現規律的週期。週期表是俄羅斯化學家門得列夫（D. I. Mendeleev）為整理元素的化學性質的週期性，於 1870 年左右製作出來的。像是化性不活潑的氦、氖、氬的原子序分別為 2、10 及 18，中間間隔 8。而被稱為鹼金屬的鋰、鈉、鉀也有相同的關係、類似的化學性質。不只如此，門得列夫更從週期表預言當時仍未發現的鎵與鈧的存在。這麼明確的週期性意味著原子中的電子具有一種特別的結構。

○週期表

2 原子的結構

　　單從「原子由電子與原子核組成」這句話裡，無法知道原子有著怎樣的結構。一開始，人們想像原子是顆帶著相同正電的球，因為裡面包覆著帶負電的電子，所以整個呈現電中性。但如果原子是如此緊密的結構，便無法解釋陰極射線的電子與其他放射線的粒子，為什麼可以輕易穿透利用原子製成的固體薄片的實驗結果。因為固體是塞滿原子的結構，如果原子的內部是充滿的，粒子理應無法穿透。

　　接著出現的假設是之前曾提到過的小型太陽系模型。行星電子在遠離太陽原子核的軌道上運行，原子的大部分重量則集中在中心那非常小的核中，非常小的電子在距離非常遠的地方繞行，整個原子結構非常空洞，因此電子線幾乎能夠自由無阻地穿過。拉塞福在 1911 年根據這個模型，計算撞擊的情形並與實驗作比較，結果非常一致。在那之後，小型太陽系模型的原子結構開始被廣為接受。

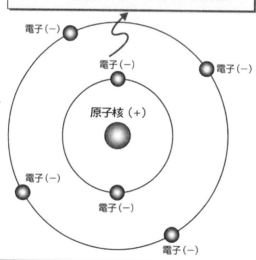

α 射線——氦原子核
β 射線——電子
γ 射線——像 X 光的電磁波

如果是像小型太陽系模型般的空虛結構，便能說明這些放射線為何能夠穿透，不被反射。

電子(-)
電子(-)
電子(-)
原子核（+）
電子(-)
電子(-)
電子(-)

　　但是小型太陽系模型有個致命的缺陷，那就是因為電子帶電，進行圓周運動的電子會釋放電磁波，因而失去能量，理應會往原子核墜入。根據計算，電子放出電磁波掉入原子核的時間大概是兆分之一秒，如此一來，現實中原子理應不存在。在第五章第三節，我們看到這個問題已經被量子力學解決。不過，小型太陽系模型的假設並不離譜。事實上，行星在太陽系裡繞行時，是會放出重力波並失去動能的，只因為失去的能量非常小，所以我們不必擔心地球會掉進太陽裡。

　　現在，透過解薛丁格方程式，可以正確算出氫原子中的電子狀態。電子運動的軌道在量子力學裡並不存在，但是我們能求出電子的波動函數，知道電子的存在機率。

　　嘗試計算電子可能的所在，可以知道它剛好出現在幾個類似太陽系行星的軌道上，並且各個狀態的能量互異。雖然它並非實體，但是從它與軌道的相似性來看，物理學家還是把電子最可能出現的狀態稱為「**軌道**」。就像水星軌道、金星軌道、地球軌道等一樣，這些狀態也被賦予 1s 軌道、2s 軌道、2p 軌道這樣的名稱。

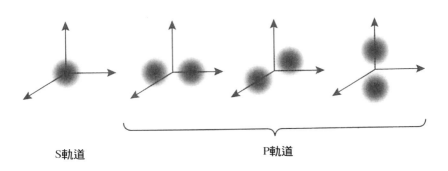

S軌道　　　　　　　　　　　　　P軌道

3 電子的住址

　　原子中的電子不是想成為怎樣的狀態都行，只有幾種固定的狀態。有人可能在週期表上看過 1s、2s、2p 這樣的記號，這是代表電子狀態的記號，分別代表幾個電子可能存在的場所（軌道）。

　　1s 軌道、2s 軌道、2p 軌道等的數字部分代表能量，1 是能量最低的狀態，2 是能量次低的狀態，以此類推。其後的英文字母指的是不同的角動量狀態。用太陽系來比喻，s 是行星運行近乎圓形的軌道，p 是像彗星的橢圓軌道。另外，相對於 s 軌道只有一種能階，p 軌道則有三種不同的軌道。s、p 這些字母直接沿用分光學上的用法，沒有特殊意思。

　　以公寓來比喻原子軌道，能量最低的一樓只有一間 s 號房（1s），二樓有一間 s 號房（2s）與三間隔間相同的 p 號房（2p），三樓以上也是一樣，各自分成幾間房。根據薛丁格方

○電子的窩

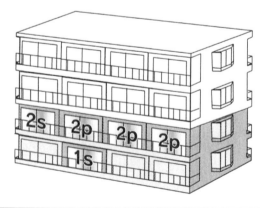

到底在哪間房裡？

程式的正確答案，氫原子（H）的三樓裡有一間 s 號房（3s）、三間 p 號房（3p）、五間 d 號房（3d）。

假設電子要來租房間，通常會先搬進房租（能量）低的一樓。但因為電子是費米子，根據庖利不相容原理，每間房僅能容納自旋方向相反的電子各一個，合計只能容納兩個電子。

因此，原子中的電子只能搬進特定的地點。氦原子（He）帶有兩個電子，所以會有兩個自旋方向相反的電子住進 1s 號房。因為一樓已經沒有別的房間，要再搬到二樓也太累了，所以電子並不能自由移動。氖原子（Ne）共有十個電子，一樓的 1s 號房住進兩個電子，二樓的 2s 號房和三間 2p 號房則分別各住進兩個電子。在這樣的狀態下，因為二樓也沒有空房，所以電子還是無法自由移動。這被認為是氦、氖化性不活潑的理由。鋰原子（Li）有三個電子，一樓住進兩個電子，另外一個電子可搬進二樓的任意一個房間。鈉原子（Na）有十一個電子，在填滿了二樓的房間後，剩下的一個電子可搬入三樓的任意一個房間。可以任意進出同一樓層的任一房間的電子，因為可以自由移動，所以鋰與鈉一樣，都具有反應活性非常高的化學性質。如此，藉軌道的分配可以解釋週期表的排列。

另外，用軌道可以解釋原子與原子鍵結，形成分子與化合物的情形。某個原子的電子所在的房間，別的原子的電子也可共用，原子會互相以為對方的電子就是自己的，使原子與原子強力結合在一起。例如兩個氫原子各出一個電子共用一間房間，強力結合成為安定的氫分子。

4│核分裂

提到原子的世界，大家最先想到的應該是原子彈爆炸吧！1930 年代，法西斯主義逐漸在歐洲抬頭，在義大利有墨索里尼，在德國則有希特勒掌握政權。許多猶太裔學者受不了遭受排斥而逃往國外。以研究原子核的裂解而聞名於世的費米雖然是義大利人，但因為他的夫人是猶太人，於是在參加 1938 年諾貝爾獎頒獎典禮後，便亡命美國。

雖然失去了很多的精英，但仍有許多優秀學者留在德國。例如漢恩（O. Hahn）進行中子撞擊鈾（U）的實驗，發現可以得到重量不到鈾的一半的鋇（Ba）。在那之前，科學家已經知道給予刺激，可以使元素變換為原子核重量略有不同的其他元素，但是像這樣分裂成兩半的現象卻是新發現。在這類的反應中，應會釋放出莫大的能量。漢恩因為這個發現而獲頒諾貝爾化學獎。費米在美國得知漢恩的實驗結果，便開始進行核分裂的研究，並在芝加哥大學裡造了一座原子爐，成功引發連鎖反應，之後更進展到原子彈的製造。費米等人體認到，德國製造出原子彈只是時間早晚的問題，由於深感世人性命飽受威脅，為

○核分裂反應

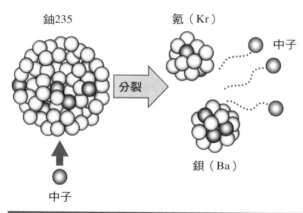

鈾235　　　　氪（Kr）

中子

分裂

鋇（Ba）

中子

了早德國一步製造出原子彈，無不傾全力研究。

核分裂指的是鈾與鈈（Pu）等重的元素，其原子核吸收中子後變得不穩定，而分裂成兩個原子的現象。核分裂時會放出極大的能量，以及二到三個中子。易發生核分裂的物質吸收被放出的中子，又再發生核分裂，如此形成連鎖反應。為了讓反應連鎖發生，要讓從分裂的核中生出的中子能夠立即撞擊到下一個核，所以必須讓一定量的核分裂物質高密度地聚集在一起。

九州電力玄海核能發電廠。
（照片提供：每日新聞社）

核分裂所產生的能量非常巨大。據說一公克的鈾 235 核分裂時，會釋放出相當於二十公噸火藥的能量。將如此巨大的能量一口氣釋放出來、進行破壞的，就是原子彈爆炸；相反的，控制反應速度、加以應用的，則是核能發電廠。核能發電廠利用核分裂產生的能量製造水蒸氣，再利用蒸氣的力量轉動發電機的渦輪機，製造大量的電力。

鈾燃料終有用完的一天，但是目前已有技術能夠再生鈾，並轉而利用發電時產生的鈈。就像「火」有引發火災的危險，但是我們已經懂得如何善用它。核分裂反應雖然也很危險，但只要懂得好好利用，對我們的生活是很有幫助的。

5 核融合

在原子的世界裡還有一個重要的反應，那就是與分裂相反的「融合」，讓兩個以上、帶正電的原子核彼此靠近、排斥、融合在一起。核融合要克服電的排斥力，讓原子核更靠近，並藉核力合而為一，生成新的原子核。就像讓兩個氫原子核結合成為氦原子核的現象。

經過核融合反應產生的新原子核的重量，會比原來的原子核相加起來的重量略減，如同愛因斯坦在相對論中所提到的，減少的部分會變成能量。目前認為，在誕生宇宙的大霹靂中，先是氫等輕的元素被製造出來，接著經由核融合反應，星球中開始產生出重的元素。在太陽等恆星中不斷有融合反應發生，為宇宙提供能量與重的元素。

如果能夠人工引發核融合反應，我們便能獲得很大的能源。但是要對我們的生活有幫助，其反應效率一定要高。目前可行的技術是讓氫的同位素氘與氚融合製造氦。氘跟氚的原子核比普通的氫要各多出一個與兩個的中子，將氘與氚加熱到一億度左右

○ 核融合反應

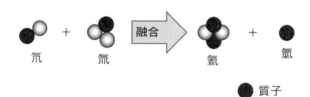

氘　＋　氚　融合　氦　＋　氫

● 質子
○ 中子

國際熱核實驗反應爐之概要

核融合輸出功率　　50 萬千瓦
電漿半徑　　　　　6.2 公尺
電漿電流　　　　　15000 千安培

的高溫時，原子不再是一般看到的氣體，而將分成電子與離子，我們稱這種電離氣體為電漿。對電漿施加壓力，讓兩個原子核非常靠近，在穿隧效應的輔助下，兩個原子核將融合變成氦原子核（事實上是得到氦與氫）。

ITER 模型。照片下方近中央處，用圓圈圈住的範圍是人的大小，由此可知反應爐有多大。
（照片提供：每日新聞社）

2003 年，日本、歐盟與俄羅斯共同計劃，開發國際熱核實驗反應爐計畫（International Thermonuclear Experimental Reactor，簡稱 ITER），計畫利用氘與氚核融合反應所產生的能量發電。日本青森縣六所村則是積極爭取將反應爐建在當地。

也有人研究技術上更難的氘與氘的核融合反應，因為氚需要另行人工製造，但是氘則大量存在於自然界，約占海水中氫的0.015%。利用一公噸海水中所含的氘反應所產生的能量，大約是八十公升石油所能提供的能量。氘與氘的核融合若真能實現，等於取得幾乎是用之不竭的能源。

要製造核融合爐，必須把超高溫的電漿封閉起來，直到反應發生為止。目前的問題是該如何製造這樣的容器。太陽以強大的重力包裹住電漿，但是在地球上沒有辦法那麼做，所以目前研究的方法包括像 ITER 一樣，使用超導磁鐵，利用磁力套牢電漿，或者利用雷射慣性封鎖它。

Column 10

日本的原子彈研究

仁科芳雄博士（1890-1951）自東京大學畢業後遠赴歐洲，在英國與丹麥學習量子力學。回國後在理化學研究所（理研），以宇宙射線的研究為基礎進行核物理學、放射性生物學，以及以放射性同位素為示蹤劑的應用研究等。1937 年，仁科博士在理研完成東洋第一台的迴旋加速器（cyclotron）裝置，用產生的中子照射鈾，進行核反應的研究。

1941 年，日本陸軍航空本部企圖將核分裂運用在軍事上，於是委託理研進行有關製造原子彈的研究。原子彈的基本原理不是太難，想必仁科博士也很清楚，就是要先製造出一定量的高純度鈾 235，並以中子照射之，使分裂的原子核釋放複數的高速中子，引起老鼠會般的連鎖反應。問題是天然鈾礦幾乎都是U238，U235 僅占其中的 0.7%，但是以當時日本的技術並無法成功分離、濃縮出 U235。

現在有另外一種說法是，即便當時能夠獲得高純度的 U235，也還是無法做出原子彈。當時仁科博士想到的方法跟現在的核能發電做法相同，也就是為了讓核分裂的連鎖反應更容易發生，要減低中子的速度。但是，如果不讓連鎖反應在百萬分之一秒左右的時間內完成的話，是無法釋出莫大破壞力的。所以要製造原子彈，便不能減低中子的速度。或許是軍令難違，但其實並不想製造殺人武器，所以博士才故意那麼設計。

當時日本的物理學家與軍方的見解是，「製造原子彈是可能的，但因為日本沒有鈾礦，還需要更長時間的開發。這次大戰是來不及了，美國應該也做不出來吧」。日本在當時並沒有不製造原子彈不行的迫切感。但是現實中，亡命的猶太人深感性命受到威脅，於是投注全副精力，並在美國製造出第一顆原子彈。而那顆原子彈竟然被投擲在日本，實在令人遺憾。

11

相對論量子力學

薛丁格與海森堡所建立的量子力學無法滿足相對論
的要求,只有在遠低於光速的情形下才成立。本章
要介紹解決了這個問題的狄拉克,其相對論量子力
學與基本粒子。

1 | 四次元的世界

　　之前所介紹的量子力學，嚴格來說並不正確。大家是否嚇了一跳？這是因為它們都無法滿足相對論的要求，在基本粒子的世界裡，我們需要更嚴謹的理論。

　　首先，相對論的條件是什麼呢？在我們所住的世界裡，知道「什麼時候」、「在哪裡」是很重要的，就像以下的這段描述：「2002 年 6 月在橫濱舉辦了世界盃的決賽」。要描述一件事實，要有時間與場所（空間）作為指標。時間以時鐘所顯示的一個座標（次元）表示，場所則以往南距離東京二十公里、往西距離東京十五公里、海拔八十五公尺這三個座標（次元）表示。可說我們的世界是利用這四個座標所標示出來的四次元世界。所有的物理定律都要能通用於四次元的世界。

　　一般以為時間與空間是完全不同的兩個量，但是我們會說「東京到大阪的距離是搭乘新幹線三個小時的車程」，用時間代表空間（距離），所以時間與空間其實是有親戚關係的。以新幹線行駛的速度為媒介，時間與距離就可以混著使用。

　　幾乎與量子力學同一時期，為了解決古典力學其他的問題，愛因斯坦提出相對論，並指出「我們

○我們居住在四次元的世界裡

時間 *t*

● 2002 年 8 月 28 日
東經 137 度
北緯 46 度
海拔 35 公尺

空間（*x*, *y*, *z*）

○薛丁格方程式不完備之處

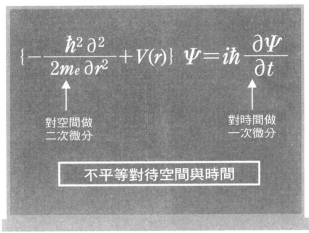

$$\left\{-\frac{h^2}{2m_e}\frac{\partial^2}{\partial r^2}+V(r)\right\}\ \Psi=ih\frac{\partial\Psi}{\partial t}$$

對空間做
二次微分

對時間做
一次微分

不平等對待空間與時間

應該同等看待時間與空間，不能有所分別」，而光速就像是媒介時間與空間的新幹線的速度。當物體的速度遠低於光速時，個別看待時間與空間並不會造成太嚴重的誤差，但如果物體的速度與光速相差無幾的話，就不能無視於相對論的效應。

以這樣的觀點重新看待薛丁格方程式，將注意到薛丁格對待空間與時間的方式並不一致。薛丁格方程式的右式，對時間僅做一次的微分，但是在左式的哈密頓算符中，空間座標上卻出現兩次微分的記號。只要實際書寫哈密頓算符，列出整個薛丁格方程式就會注意到這樣的差異。這與相對論不符。事實上，薛丁格方程式僅在物體速度遠低於光速的情形下才成立，只是個近似式。但因為一般電子的速度跟光速比起來非常慢，所以薛丁格方程式一般都能得到不錯的近似結果。

試算氫原子的電子的外顯速度，相當於 1/100 左右的光速，因此對氫原子這類輕的原子，薛丁格方程式是有效的。但是像金這類重的元素來說，則無法忽視相對論效應，也無法產生「不錯的近似結果」。

2 狄拉克方程式

英國理論物理學家狄拉克融合了相對論與量子力學，提出「**相對論量子力學**」。他就是之前提到的「狄拉克記號」的那個狄拉克。為了對等對待時間與空間，他引進矩陣並化成公式，而這個公式比薛丁格方程式更難懂。

因此，除非不得已要使用相對論性理論，不然還是使用能簡單求出解答的薛丁格方程式為妥。不過，**狄拉克方程式**賦予無法解釋的問題解答，為世人導出了全新的物理世界概念，是劃時代的貢獻，因此要在這兒為大家做介紹。

其中一項就是自旋。我們從實驗結果得知電子有兩種狀態，即上自旋與下自旋，這個概念前面曾提到過。從古典力學類推這兩種自旋狀態，會認為就像是往右、往左，方向不同的自轉狀態。但是在解狄拉克方程式時，會發現自旋是必然的結果，自旋就像是座標軸上的時間軸。所以在四次元世界中，在代表空間的縱、橫、高度的三個座標軸上，需要再另外加上對應時間的自旋座標軸。

狄拉克方程式 $\mathcal{H}\Psi = ih\dfrac{\partial \Psi}{\partial t}$

$\mathcal{H}$ ： 狄拉克的哈密頓算符

一個粒子時的哈密頓算符 $\mathcal{H} = -ich\displaystyle\sum_{j=1}^{3}\alpha_j\frac{\partial}{\partial x_j} + \beta\, mc^2 + V(r)$

$\alpha_1, \alpha_2, \alpha_3, \beta$ 為四行四列的狄拉克矩陣

Ψ ： 波動函數的矩陣（一行四列）

　　狄拉克方程式並為真空導入新的觀念。我們以為真空就是空無一物的空間，但是狄拉克方程式導出了「真空必須是充滿粒子的狀態」。只不過這樣的狀態是我們看不見的。這正是「場」的概念。法拉第所想像的「場」被自然地導出來了。

　　以下這個例子或許不很貼切，但是請想像盒子裡的茶褐色模子中排滿了巧克力。從遠處看，巧克力放在一個個的模子中，與背景的茶褐色融合，因此盒子裡看起來空無一物。這就是真空狀態。從模子中拿出一塊巧克力，便可以看到空出來的洞，這個洞成為我們可觀察到的粒子。

○真空的概念

3 | 騾子電子

前一節提到真空是「充滿粒子的狀態」，因為粒子都埋在空洞當中，讓我們感覺空無一物。我們能夠看見的是被賦予能量而脫離真空的粒子，以及留下的空洞。脫離後的粒子就是我們平常所說的粒子，空洞部分則被稱為反粒子。後來經過實驗，確認狄拉克的反粒子確實存在。

美國原子物理學家安德森（C. D. Anderson）在觀察宇宙射線時發現正子，這個發現使他於 1936 年獲頒諾貝爾獎。電磁波中的強 γ 射線被發射到真空中時，將出現電子以及反粒子的正子。在空無一物的空間中突然產生電子，讓人感覺很突兀，相較之下，還是如狄拉克所提出的，賦予被埋入真空中帶負能量的電子能量，使它變成正能量狀態的解釋較為妥當。另外，從電子與正子成對出現的事實，也證明狄拉克理論是正確的。

把正子視同電子，施加電場與力要移動它，會發現它竟朝向我們所預測的相反方向移動。因為不照預測移動，使它在發現之初被稱為**騾子電子**，這都是因為人們把正子看作「帶負重量的電子」的緣故。如今則認為正子僅帶正電的部分異於電子，其他則完全一致，是帶正重量的粒子。正子是費米子，有自旋不同的兩個狀態。電子與正子就像同一個模子印出來的，相會後會放出 γ 射線，然後同

○反粒子的生成

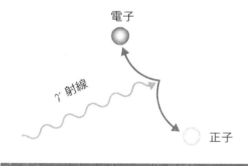

電子

γ 射線

正子

正子的移動方向跟預測的方向相反，因此被稱為「驢子電子」。

時消滅，再度回復到真空。

　　所有的費米子都有反粒子，我們存在的世界只是剛好由質子等所構成的原子核，與電子共同組成的「原子」所形成。所以當然也有可能存在由反質子的原子核，與正子所組成的反原子的世界。在宇宙誕生的那一刻，世界被形成的同時，或許同時也有一個反粒子的世界被形成了也說不定。或許在宇宙的某處，這兩個世界將碰撞、消滅，然後重新回到真空狀態也說不定。

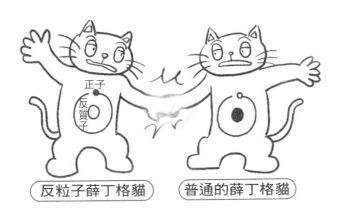

反粒子薛丁格貓　　普通的薛丁格貓

4 ｜ 基本粒子的世界

　　基本粒子是所有物質的最根本粒子。過去認為原子是物質的最小單位，但是現在我們已經知道原子是由原子核與電子所組成，而原子核則是由質子與中子組成。從原子中取出電子與質子，則原子不再有原子的性質，因此說「物質的基本單位是原子」當然沒有錯。但是如果從「可將物質細分到怎樣程度」的角度來看，則原子還不是最小的單位。

　　基本粒子的研究從觀察宇宙照射到地球的宇宙射線開始，之後在二十世紀中期，因為大型加速器被開發出來，人們嘗試加速電子與正子等並造成碰撞，開始研究碰撞後出現的物質的構成物，而發現了幾十種新粒子。因為有太多粒子被發現，反而讓人懷疑是否真可稱它們為基本粒子。如今知道這些粒子的大部分，是被我們稱為強子（hardon）的一系列複合粒子。

○連結質子與中子的力
（湯川秀樹的介子模型）

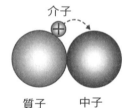

質子　　中子

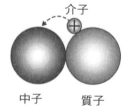

中子　　質子

　　理論預測是這些研究的推動力量。第一位獲頒諾貝爾獎的日本人湯川秀樹博士，他研究到底是原子核中的哪個力量將質子與中子結合在一起。原子中帶正電的原子核與帶負電的電子，藉著庫侖力結合在一起。這類電磁力靠著彼此交換

光子而產生，很像兩個原子透過電子的交換，鍵結形成分子的情形。湯川博士因此思考，一定存在有未知粒子，能強力黏住帶正電的質子與電中性的中子。於是他假設質子與中子藉彼此交換未知粒子而結合在一起，並計算、預測出該未知粒子的性質。後來，英國的鮑威爾（C. F. Powell）確定這個未知粒子介子真的存在。

如此這般，許多的新粒子被發現，進而又發現這些新粒子其實是由其他基本粒子所組成的複合粒子。如今基本粒子被歸納為三大類，即夸克（quark）、電子所代表的輕子（lepton），以及由光子所代表的規範粒子（gauge particle）。

目前在宇宙射線的測量上領先全球的超級神岡（Super-Kamiokande）探測器。利用設置在儲存了五萬公噸純水的巨大水槽中的一萬一千兩百根光電倍增管，偵測自宇宙落下的基本粒子所發出的光。
（照片提供：東京大學宇宙線研究所
神岡宇宙基本粒子研究設施）

5 | 基本粒子家族

　　夸克有六種，分別是上（u）、下（d）、奇異（s）、魅（c）、底
（b）和頂（t），若再加上它們的反粒子，合計共有十二種。它
們的名稱都有些怪異，不需要太在意。順道一提，夸克是取海鷗
的叫聲來命名。基本上在這些基本粒子的世界裡，狄拉克的相對
論量子力學成立。

　　夸克不單獨存在於自然界，一定是以兩個（介子，meson），
或三個（重子，baryon）複合的粒子形式（統稱為「強子」）出
現。就像磁鐵的 N 極、S 極不單獨存在一樣，一定要是 N 與 S
配對一起出現。目前認為質子與中子、介子等，是由三個或兩個
的夸克組成的複合粒子。

　　輕子家族中則有電子（electron）、電子型微中子（electron-
neutrino）、渺子（μ）、渺子型微中子（μ-neutrino）、濤子
（τ）、濤子型微中子（τ- neutrino）六種，以及它們的反
粒子。微中子是 1933 年庖利預測存在的基本粒子，是跟宇宙形
成有關的重要粒子。但因為重量非常小，與其他粒子之間幾乎不
發生作用，很容易就穿過地球，所以較遲被發現。

　　日本對微中子的發現有很大的貢獻。為了避免受到其他宇宙射線的影響，在岐阜縣神岡礦山的地底下建造了可儲存三千公噸純水的巨大水槽，並以一千個高感度的光電倍增管測量偶爾自宇

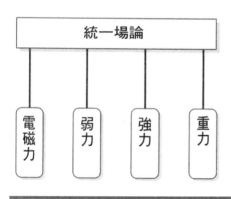

●海鷗的叫聲是「quark, quark」。

宙射下的微中子，撞擊到水的電子與質子時所放出的微弱光。1987 年 2 月 23 日，檢測到在距離地球約十六萬光年遠的大麥哲倫星雲中，超新星爆炸時所放出的微中子，自此為微中子天文學揭開序幕。

○基本粒子的家族成員

夸克	上 奇異 底	下 魅 頂
輕子	電子 渺子 濤子	電子型微中子 渺子型微中子 濤子型微中子
規範粒子	光子 W 玻色子（3種） 膠子 重力子（尚未被發現）	

之後，利用建置在地下一千公尺深，直徑三十九公尺、高四十一公尺，可儲存五萬公噸水的巨大水槽的超級神岡探測器，進行有關微中子的重量等方面的研究。小柴昌俊博士因為發現了微中子，而於 2002 年獲頒諾貝爾物理學獎。

規範粒子則是傳遞力的基本粒子。自然界的力被歸類為「電磁力」、「弱力」、「強力」、「重力」四種。學者認為力之間存在粒子，作為彼此交換傳遞的橋梁，就像孩子深深聯繫住已經不相愛的夫婦一樣。

「電磁力」是帶電粒子之間的作用力，傳遞此力的是光子。「弱力」是與原子核反應（如，貝他衰變現象）有關的微弱力量，由 W 玻色子（weak boson）為媒介。W 玻色子有帶正電、負電、不帶電的三種。「強力」則是結合夸克，製造質子等的力，由膠子（gluon）作媒介。最後，科學家預測應有媒介「重力」的基本粒子重力子（graviton）的存在，不過重力子至今仍未被發現。

六種夸克與六種輕子，再加上各自的反粒子，以及六種規範粒子（重力子仍未被發現），這些就是基本粒子的家族成員。

Column 11

磁單極子

磁鐵的兩端必定存在 N 極與 S 極。即使將磁鐵切成兩塊，也還是會在切口處出現新的 N 極與 S 極。相對的，電有電子與正子，負與正的基本電量可以獨立存在，然而一般磁鐵裡的 N 極或 S 極是不能單獨存在的。

但是狄拉克預言有單一磁極的磁單極子的存在。根據統一場論推論磁單極子的性質，據說它有一隻草履蟲的重量，是很重的粒子。一旦磁單極子存在，不管對電或對磁，電磁學的方程式都可以相同形式撰寫，將是很漂亮的數學式。而且似乎就可以解釋電量的基本單位的存在。因此很多物理學家對此都深感興趣，並嘗試作實驗上的驗證。

像是測量來自宇宙的磁單極子，通過超導體製成的環所引起的感應電流。實驗物理學家卡布（Cabrera）於 1982 年報告磁單極子通過環後所發現的電流變化，但因為只有一例，很難斷言就是磁單極子。因為沒有再現性，其他的研究者也沒有再做試驗，該資料目前未獲採信。即使真有磁單極子存在，它也並非充斥著整個宇宙，要讓偶爾飛進來的磁單極子通過小小的超導環的機率非常低，所以實驗結果無法再現，一點也不令人吃驚。

另外有人嘗試檢測磁單極子穿透塑膠等物質時，沿著穿透痕跡所留下的損傷。因為損傷面積大可測量，所以測到磁單極子的可能性較高，只不過至今仍未有能證實磁單極子存在的證據。雖然仍有實驗物理學家繼續做著實驗，但似乎有越來越多的物理學家懷疑磁單極子是否存在。不過，一旦真的測到了，肯定又會對基本粒子物理造成很大的衝擊吧。

12

現代煉金術

我們生活周遭有很多運用量子力學的產品，未來量子力學也將更充實我們的生活吧。本章要針對電腦等代表性產品，介紹它們與量子力學之間的關係。

1 現代煉金術

在本書的最後我想要舉一些例子，介紹「量子力學如何被運用」。首先是煉金術。

煉金術要利用金以外的材料製造金，自古就有很多化學家（煉金術師）嘗試這麼做，也因此帶動了科學的發展。據說偉大的牛頓也曾是煉金術師。煉金術並非不可能，透過核分裂的方式可以利用別的元素製造金，但是所需的成本遠高過金價，並沒有意義。

那麼，在原子世界的神祕面紗已被揭開的今日，煉金術已沒有存在的價值了嗎？小說與電影裡有時會提到從天外掉下「地球上所沒有的謎樣物質」，這個物質幾乎不大可能是週期表上沒有的新安定元素，但卻有可能是由我們所不知道的原子，經組合與結構後所形成的全新功能的物質。讓我們來看看這些發現新物質的現代煉金術。

物質大部分的性質是由其中的電子的行為決定，電子的行為可以用量子力學來表現。如果想要知道各種物質的性質，只要解出構成物質之電子的薛丁格方程式，或相對應的矩陣便可以知道。不過，用說的比較容易，試想在一立方公分的空間中便存在有一兆的一兆倍個電子，這計算可真不簡單。因此，既有的理論計算幾乎都僅止於實驗已知性質的說明。

1965年，康恩（Cone）與暹羅（Siam）將電子的交互作用引進位能中，變成討論單一電子有效位能的問題，並提出**局部密度近似法**（Local Density Approximation, LDA），之後，物質規模下的薛丁格方程式才得以計算。但因為仍然需要重複大規模的矩陣計算，以當時電腦的能力，即使只是簡單的金屬，都還是需

要很長的運算時間，並不實用。不過，利用康恩與暹羅的方法，就算是自然界中沒有的未知物質，只要能夠假設結構，便可預測該物質的性質。我們稱這類從薛丁格方程式出發，不使用任何實驗參數即能預測物質性質的計算法為第一原理計算。今日，託電腦科技快速進步的福，即使結構複雜的物質也都能計算了。

另外，隨著實驗技術的進步，科學家已經可以在原子大小的範圍內作結構的控制，創造出不存在於自然界的人工物質。像是利用濺鍍法（sputtering），在真空中從鐵塊濺射出鐵原子，將鐵原子鍍在玻璃等的基板上，再利用相同方法在形成的鐵原子層上鍍上銅原子層，可以如此重複有規律地組合各種元素，製作出人造晶格。我們可以根據第一原理計算，預測出自然界所沒有的各種結構的性質，並實際製作可能有用的物質。這方面的研究若持續進展，或許我們就能製造出臨界溫度高的超導體、有磁鐵與超導體等複合性質的新機能材料，以及有用的新元件。

○人造晶格

兩種以上不同元素的超薄膜相互堆疊而成的物質

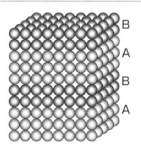

B
A
B
A

可期待製造出自然界所沒有的機能材料

〔例〕超高速切換基本粒子
巨磁阻效應
巨磁矩
垂直磁異向性
巨大磁光學效應

2 不可思議的超流體

　　量子力學為我們解釋了許多的現象，像是**超流體現象**。

　　荷蘭的翁尼斯（H. K. Onnes）以「將所有的氣體變成液體，再變成固體」為目標，從事製造低溫的研究。就像氣體的水蒸氣經過冷卻變成液體的水，水再冷卻可以變成冰一樣，他認為「所有的氣體經過冷卻即可以變成液體，再變成固體」。事實上，乾冰（固體）就是二氧化碳（氣體）冷卻變成的。空氣中的氮氣與氧氣在攝氏零下 193 度左右（絕對溫度 80 度左右）會變成液體。

　　製造低溫的原理跟冰箱、冷氣機一樣，首先要在不提高溫度的情形下壓縮氣體（等溫壓縮），並且在不導熱的情況下讓氣體瞬間膨脹（絕熱膨脹）。根據熱力學的原理，這麼做溫度會降低，重複這些步驟即可降低溫度，也就是說，啟動幫浦就能製造低溫。

　　翁尼斯開始他的實驗，卻一直無法將用來使氣球浮起的氦氣製成液體，但是氦在攝氏零下 269 度（絕對溫度 4.2 度左右）即可變成液體。不過，將溫度降到更低，在攝氏零下 271 度（絕對溫度 2.2 度左右）時卻發生了奇妙的現象。當容器內外的液態氦液面高度不同時，液體會沿著容器壁攀升達到相同高度。這個現象被命名為超流體現象。為什麼會發生這種現象呢？長久以來一直是個謎，稍後我們將利用玻色─愛因斯坦凝聚加以說明。

　　自然界存在的氦原子幾乎都是氦 4，是由含兩個質子與兩個中子的原子核所組成的玻色子。玻色子的溫度低於某個程度時，全部的原子都會掉落到能量最低的狀態，不再被其他物體打散，也因此變得不黏。加上動量幾近於零，根據測不準原理，原子存

在位置的不準度會變得非常大，在沒有任何阻抗的情形下，可以輕易沿著容器壁流動。

氦原子中，另外有核反應等所製造的安定的同位素氦 3，即由含兩個質子與一個中子的原子核所組成的費米子。它不像氦 4 般會引起超流體，實驗結果亦佐證了這項預測，不過並非完全不產生超流體現象，而是要在絕對溫度 2/1000 度的極低溫下，才會發生超流體現象。可能是要兩個氦 3 原子結合成為分子，才能顯現出玻色子的行為。

超流體現象只發生在非常低的溫度下，零摩擦的應用也有限，事實上並不實用。接著要提到的超導現象雖然類似超流體，卻是電的現象，在不是很低的溫度下也能發生，今後的應用可期。

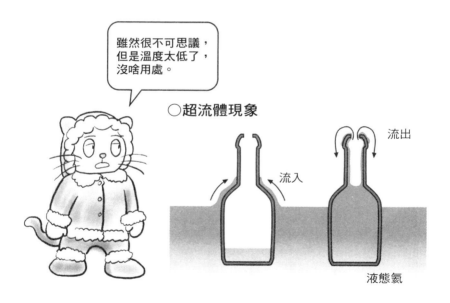

雖然很不可思議，但是溫度太低了，沒啥用處。

○超流體現象

流入

流出

液態氦

3 | 超導現象

　　翁尼斯在 1911 年進行了邊降溫、邊測量水銀電阻的實驗，發現到了攝氏零下 269 度（絕對溫度 4.2 度），電阻突然變成零。此「電阻變零，出現電流」的現象被稱為超導。沒有電阻就沒有能量的損失，也就不會產生噪音，是個革命性的發現。

　　引發**超導現象**的理由被美國物理學家巴丁（J. Bardeen）、古柏（L. Cooper）和敘利弗（R. Schrieffer）三人找出。後人以三人的姓氏縮寫，將他們所提出的理論命名為 **BCS 理論**，其本質與超流體相同，可以用玻色—愛因斯坦凝聚來解釋。貝爾實驗室的巴丁與蕭克萊（W. Schockley）也以電晶體的發明者聞名，一生獲頒兩次的諾貝爾物理獎。

　　在超導體中，是由兩個電子與一個聲子所構成的複合粒子，也就是玻色子，負責傳遞電流。帶負電的電子如何在互不排斥的情形下媒介聲子呢？因為電子帶負電，A 電子一動便會帶動帶正電的原子離子，形成固體的結晶格中的原子離子排列規則。當電

○古柏電子對的形成機制

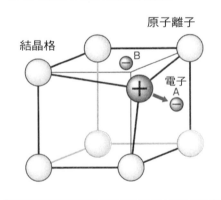

原子離子
結晶格
B
電子 A

子拉動原子離子將扭曲結晶格，使帶負電的別的 B 電子受到原子離子的正電影響。如此一來，A、B 電子之間隔著結晶格產生了引力作用。結晶格的振動是一種聲音，所以說電子間的引力作用是以聲子為媒介。

　　通常這個引力比帶負

電的電子之間的排斥力要小得多，但是在低溫或特殊物質中，特殊條件下的電的排斥力會增大，從而製造出複合粒子。這類複合粒子被稱為古柏電子對，因為偶數個費米子所形成的複合粒子為玻色子，所以古柏電子對是玻色子。兩個電子所載送的電流處於超流體狀態，可在無電阻的狀態下流動。

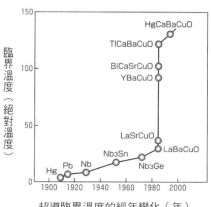

超導臨界溫度的經年變化（年）

　　我們可以用超導體作出一個環，並通以電流，研究超導狀態的電阻有多小。一般預測，電流可以至少流動十萬年而幾乎不衰減。

　　形成超導體的溫度是臨界溫度，有人嘗試合成臨界溫度較高的物質。在單一原子形成的金屬中，鉛與鈮（Nb）有較高的臨界溫度，分別是攝氏零下 266 度（絕對溫度 7 度）、攝氏零下 264 度（絕對溫度 9 度）。最初研究金屬材料作為超導體的材料，其中的臨界溫度以鈮與鍺（Ge）的合金的攝氏零下 250 度（絕對溫度 23 度）為最高。

　　之後於 1986 年，任職於瑞士 IBM 蘇黎世研究所的比得諾茲（J. G. Bednorz）與米勒（K. A. Muller）發現了全新種類的超導材料。它是以銅的氧化物為主體，並含有水銀等的化合物。它的臨界溫度很高，在攝氏零下 123 度（絕對溫度 150 度）。比得諾茲與米勒因為這個發現而獲頒諾貝爾獎。目前世界各地都在積極研究，希望發現臨界溫度在常溫（約 15 度）以上的物質。

4 超導城市

　　超導現象已被應用在實驗研究用的超導電磁鐵與量測儀器上，但與我們有直接接觸的機會仍屬少數。不過，高臨界溫度的超導材料的製造研究正積極展開中，或許在二十一世紀後半就會出現不消耗任何能量，即能享受舒適生活的超導城市。

　　目前被熱切討論的是利用超導線捲成線圈、流通電流，製作強力的電磁鐵。確定線圈兩端確實連接，只要通上一次電流，電流將不衰減並永久流動（永久電流），就能製造強力的永久磁鐵。如今在山梨縣測試運轉中的超導磁浮列車，就是利用超導磁鐵的強大磁力使車體浮起，在沒有車輪摩擦的情形下，以時速五百公里的高速飛馳。如能實用化，未來從東京車站到大阪車站只要一個小時。如不考慮運費等整體經濟的問題，目前在技術上已經可以做得到。

　　發電機或馬達上若能使用超導線所製造的磁鐵，將沒有電力損失的問題。另外，使用永久電流就可以儲存電力（電罐頭），可以在夜間電力過剩的時候，讓電流流到超導迴路中加以儲存，等白天電力不足的時候再取出使用。目前已經可以將類似水庫抽水發電的儲電系統更小型化、更提高效率。要是能做出更小型的儲電系統，還能應用到電動汽車上。

　　超導磁鐵可以提供比普通磁鐵範圍更廣的強力磁場，這個特徵已經被應用在檢查大腦狀況的核磁共振裝置（MRI）等醫療量測機器上。人體的主要成分是水，由許多的氫原子組成。氫原子的原子核各自帶有小的磁鐵，一旦被放在 MRI 的強磁場下，磁鐵的方向會統一。在那樣的狀態下照射特定頻率的電波，會產生共鳴，發出訊號。利用電腦處理該訊號，便可以從各種斷面知道

人體的狀況。

　　在核融合的反應中，巨大超導磁鐵則被用來作成封閉高溫電漿的磁力容器。

　　超導現象最直接的應用是電線，但是長距離電線的冷卻問題仍無法克服，所以至今沒有太多的研究。若能開發常溫的超導材料，解決冷卻的問題，電流就可以在沒有電阻的情形下流通，省去消耗在電線上的能量，形成省能量社會。目前在送電的時候，為了抑制在電線上的耗損，多採高電壓。要是能使用超導電線，將沒有使用高電壓的必要，就不需要高壓電線，也就沒有危險性，可以更有效地利用土地。

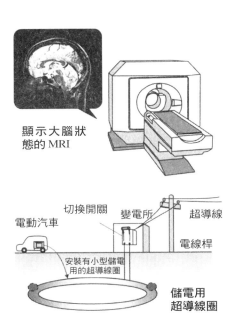

顯示大腦狀態的 MRI

電動汽車　切換開關　變電所　超導線

電線桿

安裝有小型儲電用的超導線圈

儲電用超導線圈

磁浮列車

在山梨實驗線上反覆測試的磁浮列車新型車輛。
（照片提供：每日新聞社）

5│磁矩

　　磁鐵的問題是量子力學所解決的問題之一。磁鐵有吸附鐵片等的神奇力量，為什麼有這項特性，長久以來一直是個謎。為此，在過去甚至以為它對人體有特殊的治療效果。

　　荷蘭出生的荷倫貝克（G. E. Uhlenbeck）在美國密西根大學進行原子光譜的研究，並根據實驗結果作出結論。他指出，看起來相同的電子，事實上是有兩種不同的狀態，而這兩種不同的狀態就像磁鐵的 N 極與 S 極一樣，方向並不相同。在電磁學裡，我們知道電流流動會產生與磁鐵相同的作用，於是荷倫貝克猜想或許是帶電的電子自轉，產生電流，才會變成磁鐵。他想到「自旋不同的兩種狀態」就像往右的自轉與往左的自轉。

　　但是狄拉克的相對論量子力學否定了把自旋當成是電子自轉的模型，因為自旋代表電子狀態的相對理論量。但是，自旋引發磁鐵性質是正確無誤的。

　　自旋有兩種，上自旋狀態與下自旋狀態。自旋產生的磁鐵也有最小單位，它的強度呈不連續變化。此最小單位被稱為波耳磁子（Bohr magneton），其強度非常小，約是平常用的磁鐵的 1/20,000,000,000,000,000,000,000,000 倍。因此感覺身邊磁鐵的強度呈連續變化並不奇怪。

　　所有的物質都是由原

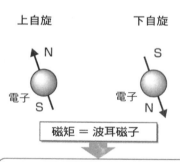

上自旋　　　　下自旋

N

S

電子　　　　　電子

S

N

磁矩 ＝ 波耳磁子

有20,000,000,000,000,000,000,000,000個左右，當上自旋或下自旋一方明顯偏多時，會變形成磁鐵。

子所組成,原子又含自旋狀態不同的電子,因此我們可能認為所有的物質都可以是磁鐵。但是大部分的時候,物質中的電子自旋會互相抵銷,並不會顯出磁性。在一般的狀態下,僅有鐵、鈷、鎳、釓這四種元素有強磁性。這些元素在形成結晶之際,上自旋與下自旋的電子數目在相差甚多的情形下仍能穩定存在,所以變成強磁鐵。磁鐵是日常生活中,少數可見到量子力學效應的實例。

　　磁鐵被實際運用在各個領域,是今日資訊社會所不可或缺的物質,電腦中的硬碟便是一例。稍後我們將說明硬碟與量子力學的關係。

○生活中的磁鐵

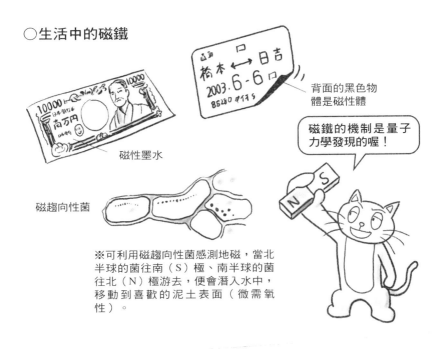

磁性墨水

背面的黑色物體是磁性體

磁鐵的機制是量子力學發現的喔!

磁趨向性菌

※可利用磁趨向性菌感測地磁,當北半球的菌往南(S)極、南半球的菌往北(N)極游去,便會潛入水中,移動到喜歡的泥土表面(微需氧性)。

6 | 電晶體

電晶體是在 1948 年，由美國貝爾實驗室的布萊登（W. Brattain）、巴丁與蕭克萊所發明的。當時是希望製造可取代真空管的固態放大器。它是透過量子力學理解電子在固體內部與表面的行為時，所獲得的有用成果。電晶體的發明使人們可以做出大型積體電路，使電腦變得如此普及，可說是改變世界的大發明。

在此先簡單介紹電晶體的原理。電晶體是組合了 N 型與 P 型兩種半導體的基本元件。純矽結晶的晶格組成與鑽石結晶形狀相同，矽原子伸出一個 3s 與三個 3p，共四隻手，共用彼此的電子作緊密的結合。在這樣的狀態下，電子無法自由移動，所以電流無法流通。但是加入少許的磷（比矽多一個電子）後，矽將獲得多餘電子，這些帶負電的電子可以自由地移動，這種狀態為 N 型。

相反的，在矽裡加入少許鋁（比矽少一個電子）時，會出現沒有電子的孔洞，這個孔洞被稱為電洞。電洞就像真空中因取出電子而出現的正子一樣，可以帶著正電移動，這種狀態被稱為 P 型。這些多出來的電子或電洞可以載運電流，所以被稱為載體。

兩個 P（N）型半導體夾住 N（P）型半導體的薄層，所形成的基本元件即電晶體。外側的 P（N）型半導體因為「放出載體」，被稱為射極（emitter）；

○矽晶的基本單位

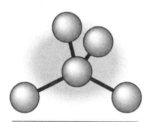

矽原子的四隻手是 3s 的一個軌道與 3p 的三個軌道，原子可以在軌道上共有彼此的電子，形成鍵結。

另外一邊的 P（N）型半導體因為「收集載體」，被稱為集極（collector）；而被夾在中間的 N（P）型半導體，則被稱為基極（base）。基極與射極、集極的載體不同，會阻礙從射極要流到集極的電流。

但是因為薄層很薄，從射極離開的載

○電晶體的結構

體大都能流至有同種載體的集極。在此，改變電壓控制基極的載體，讓電流產生微小變化，可以大幅改變阻擾的程度，使集極電流產生很大的改變，也就是能放大電流。再將流入很多電流的狀態與電流幾乎不流動的狀態分別對應到「1」與「0」，與二進位法的數字結合利用，就可以記錄資訊。

組合這類電晶體製造電流迴路，便可以處理各種訊號。電晶體被發明後，最先被利用在單一基本元件的製作上，並連線製成迴路。現在已經可以在單結晶的矽基板上製造許多微細電晶體，同時布局製造大型積體電路。

7 電腦的機制

　　我們因為量子力學而獲得許多的寶藏，其中之一就是電腦。在此要簡單介紹電腦的機制。

　　電腦由被稱為中央處理器（CPU）的中樞部分與記憶資訊的記憶體所組成。用在CPU與記憶體裡的電晶體，以及多種材料，都是應用量子力學的知識所開發出來的。

　　CPU是電腦中主要做運算處理的部分，依據命令高速執行 870664 × 54934 這類的計算處理。CPU被要求一有資訊就只管高速處理，處理速度越來越快，電腦對世界的貢獻也就越來越大。例如，可以精確計算地球規模的空氣流動與氣溫變化，提供更準確的天氣預報。

　　即使是電腦，要處理乘算或者解 870664 × 54934 等題目，還是要事先將算法或解答記憶在某個地方，這個地方就是記憶體。主記憶體先記下必要的資訊，備好等 CPU 一有需求，立即就能派上用場。因為經常使用到的資訊有限，所以記憶體的容量不需要太

硬碟中用來輸出入訊號的薄膜磁頭斷面。電流流經上下被磁性體包圍的線圈時，從右端微小的細縫中會產生記錄磁場。
（照片提供：日立全球儲存技術公司）

○電腦的記憶階

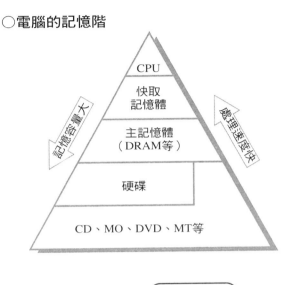

大。CPU 與記憶體就相當於人的大腦。

資訊有常用、少用、偶爾用到等不同的使用頻率。在實際的電腦中，儲存資訊的記憶體分成了好幾層，類似我們會將記不住的必要知識整理在自己專用的筆記本裡，以備需要時查看。硬碟，這個電腦的外部儲存裝置就像這本筆記本，跟記憶體相比，雖然存取較花時間，卻是處理大量資訊時所不可或缺的。當量大到筆記本也無法容納時，我們就必須前往圖書館查詢。電腦世界的圖書館藏書，就是 CD、MO、DVD、磁帶（Magnetic Tape, MT）等。

電腦的記憶體要有高速、大容量、非揮發等特性，但同時又要便宜、壽命長。

8｜小型大容量硬碟

　　隨著資訊社會的進步，我們所要處理的資訊量越來越多，電腦外部儲存裝置——硬碟的資訊記憶容量，也以每年倍增的速度不斷增大。裝置本身並沒有變大，而是「儲存資訊密度」提高了。正是量子力學效應帶動資訊的高密度化。

　　我們先來看看硬碟存取資訊的機制。對應 1 與 0 的資訊紀錄電流流到儲存用磁頭上，磁頭是一種電磁石，會成為對應電力訊號強度的磁鐵，從細微的間隙（gap）中發出磁場。因為磁場作用，強磁體的磁碟成為永久磁鐵。磁碟在高速下轉動，對應 1 與 0 的電力訊號，持續製造出 N、S 的永久磁鐵，以儲存資訊。只要不進行外部改寫，即使關閉電源，資訊也將被一直保留。所以硬碟是非揮發性、有大容量的記憶體。

○硬碟的記錄原理

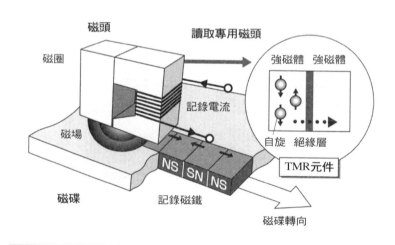

要讀取資訊時，磁頭的線圈會先檢測硬碟的永久磁鐵所放出的磁場（IND 再生）。不過儲存資訊的密度太高時，磁碟所能產生的永久磁鐵會變小，永久磁鐵越小，所能放出的磁場就越小。

○改良磁頭技術，提高硬碟記錄密度

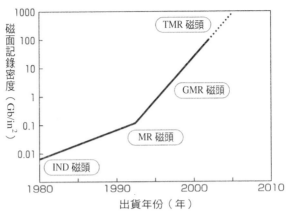

目前已有讀取專用的高感度感應器問世。現行的感應器、MR 元件、GMR 元件則越來越無法符合需求。

新一代研究的感測器是具自旋穿隧磁阻效應的 TMR 元件。**TMR 元件**是薄的絕緣層夾住兩個強磁體的結構，流經絕緣層的穿隧電流受到強磁體自旋狀態影響而改變。意即，當兩側強磁體的自旋狀態相同時，會有大電流流過，當自旋狀態相反時，僅小電流可以流過。電流的變化比例在常溫也能達到數十個百分比，只要能加以利用，即可感應微小磁力。目前市售的硬碟容量已達 100-200GB 左右，若能使用 TMR 元件，將可達到幾百 GB，乃至於幾 TB（1 TB ＝ 1,024GB）。這也是自旋、穿隧現象等量子力學效應的貢獻。

另外，量子力學也對提高硬碟記錄密度有相當的貢獻。

9 終極的記憶體──MRAM

　　TMR 效應還有別的應用。目前電腦的記憶儲存主要是使用結合電晶體的 DRAM或被稱為 SRAM 的記憶體，存取資料所需時間小於十億分之一秒，非常高速。用在一般資料的處理上已很足夠，壽命也相當長，只是有點貴，不過主要的缺點在於一旦切斷電源，資料就會消失（揮發性）。

　　相對的，用來作為外部儲存裝置的硬碟，有 DRAM 一百倍大的容量，適合儲存影像等大型資訊，有非揮發、便宜等特性，但缺點是動作緩慢、容易故障。現在的電腦將它們組合運用、截長補短。

　　電腦開機後會先聽到嗡嗡的轉動聲音，接著是喀喳喀喳的聲響，到可以使用為止得花上一些時間。這是系統將收藏在硬碟的 OS 等資訊轉換到 DRAM 所致。必要時，電腦會存取硬碟的資訊，但平常都是根據 DRAM 的資訊動作，所以速度非常快。

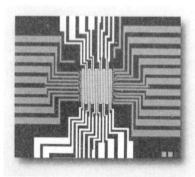

美國 IBM 與德國英飛凌（Infineon Technologies AG）於 2000 年所發表的 MRAM晶片。　　（照片提供：IBM）

然而，DRAM 的資訊在關機後就消失，因此必須將重要的資訊儲存在硬碟裡。

　　目前 IBM、MOTOROLA 等廠商都在開發 **MRAM**，它是「高速、非揮發性、長壽命」的終極主記憶體。它應用 TMR 效應儲存資訊，在夾住薄絕緣體的強磁體之間，以流通電流、不流通電流的方式與「1」、「0」的資訊對應。流

經電流與否由強磁體的自旋狀態決定，可以加以控制，用來儲存資訊。自旋狀態就像永久磁鐵一樣，關機後仍可繼續保持，因此得以實現非揮發的特性。一般認為，利用組合電晶體與磁通道接合（magnetic tunnel junction）的大型積體電路可以做出實際的 MRAM，但若使用半導體的製造技術，應能製造出高速且有大容量的記憶體。一旦 MRAM 被實用化，就能在開機後立即上機使用。

○MRAM 的原理

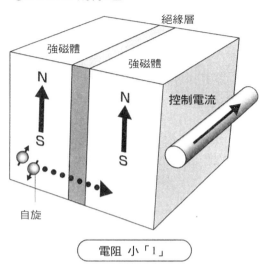

電阻 小「1」

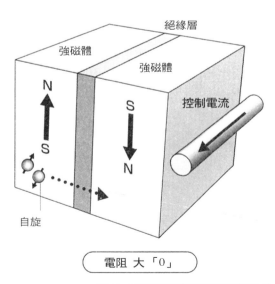

電阻 大「0」

10 | 約瑟夫森電腦

在此要介紹兩種利用量子力學的未來電腦。**約瑟夫森元件**是在兩個超導體之間夾住薄絕緣膜的三明治結構的穿隧元件。在這樣的元件中,古柏電子對可藉由穿隧效應,從超導體的一邊通過到達另一邊;即使不在兩個超導體之間施加電壓,電流也能順利流經。這個效應是英國物理學家約瑟夫森(B. Josephson)所預言的,所以稱這樣的超導穿隧元件為「約瑟夫森元件」。但是實際上,在電壓為零的狀態下,直流電流並非無限制流過,而是有最大電流的限制,稱為臨界電流 I_c。這個電流值會隨著溫度、磁場、材料的性質、尺寸等改變。

美國的加依沃(I. Giaever)實際作出約瑟夫森元件,並確認了它的效果。他同時在元件上施加電壓,獲得如右頁圖中所顯示的非線性電流—電壓特性。電流開始急遽增加時,電壓值由超導體的性質決定,低於該電壓時,幾乎僅古柏電子對可藉穿隧效應通過絕緣層,要超過該電壓,一般電子才可以通過。約瑟夫森與加依沃各自對這些穿隧效應進行研究,並與發明穿隧二極體(tunnel diode)的日本江崎玲於奈博士於 1973 年同時獲頒諾貝爾獎。

○**約瑟夫森元件**

右圖所示的電流—電壓特性中,電壓為零的狀態 A 與施加電壓後的狀態 B 取得安定。IBM 的馬地索提議,可以讓這兩種

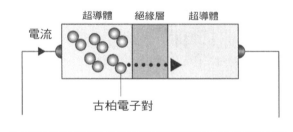

超導體　絕緣層　超導體

電流

古柏電子對

狀態與二進位的 1 與 0 對應，建構出一個邏輯迴路。由 A、B 兩個狀態的切換速度決定計算的處理速度、電流與電壓決定消耗電力。

約瑟夫森元件動作所需電流約千分之一安培，電壓也在千分之一伏特左右，非常的低；與電晶體等矽半導體元件相比，應可將積體電路的消耗電力控制在千分之一以下。目前多以矽半導體元件作成大型積體電路，在提高其處理速度時，遭遇的困難在於消耗電力的增加。因此，利用約瑟夫森元件是有可能製作出超高速電腦的。

○約瑟夫森元件的電流─電壓特性

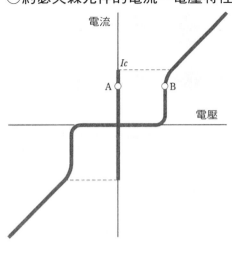

另外，約瑟夫森元件的切換速度約兆分之一秒至兆分之十秒，時間很短，比目前一般使用的矽半導體元件，運算速度要快上一個位數。

IBM 曾經致力於約瑟夫森電腦的開發，但該計畫約在二十年前喊停。最主要的理由是，為了創造出超導狀態，必須將電腦冷卻到低溫。相信只要能發現高臨界溫度的超導材料，這塊領域將再度受到矚目。

好快喔，
可是太冷了！

11│量子電腦

　　本書的最後一節要介紹量子電腦。量子電腦的特徵是可以同時並列執行許多的計算。要將一個 CPU 的處理速度提高一千倍是很困難的，但如果能並排、同時處理一千筆計算的話，計算所需時間就會變成原來的千分之一。

　　為了了解量子電腦並排計算的原理，先讓我們簡單複習普通電腦（古典電腦）是怎麼做計算的。在某個數字上加 1 時，以二進位法「0」與「1」的組合表現該數，並寫入記憶體中，這就是初始狀態。接著 CPU 會根據事先寫入的加法程式，將答案轉換成 0 與 1 的組合，並寫入記憶體中，這是結束狀態。不管具體方法為何，計算就是在兩個狀態之間，從初始狀態到結束狀態的遷移。

　　量子電腦以標示成括向量的 $|0>$、$|1>$ 替代 0 與 1，以這兩個狀態的組合狀態所顯示的量子位元（quantum bit, qubit）為計算要素。在量子力學當中，不測量的情形下，存在 $\alpha|0> + \beta|1>$ 疊加的狀態。

　　現在我們省略詳細解釋，直接跳到結果。也就是說，只要準備兩個量子位元，就能有四種狀態、三個位元八種狀態、四個位元十六種狀態……十個位元 1024 種狀態……，可以有非常多種組合。再根據事先寫好的計算程式變化組合，如果能讓十個量子位元同時變化，就能同時改變 1024 種狀態。也就是說，根據計算法則，狀態可以一次從初始狀態遷移到結束狀態，相當於將 1024 種計算並排在一起，同時執行計算。

　　當然，並非所有的計算都運用這樣的原理。從量子資訊的處理研究來看，比古典計算要來得快的方式有「質因數分解」、

「資料庫檢索」、「代碼處理」等。

量子電腦的概念於 1980 年代被提出，已陸續獲得實驗階段的成果。科學家利用至今所累積的科學技術，研究利用半導體（半導體核自旋）製造量子電腦。看來量子電腦大展身手之日已經不遠了。

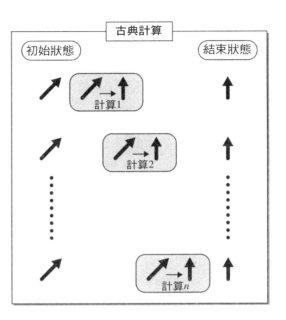

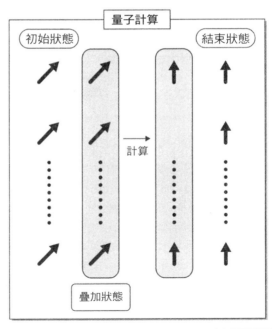

167

Column 12

許諾一個更美好的未來

量子力學豐富了我們的生活，卻也同時遺留下了負面的遺產。第二次世界大戰使用原子彈之後，物理學家等研究者的社會責任飽受訾議。除了原子彈，二十世紀的科學成果將許多的課題留到了二十一世紀。研究者的責任問題主要有三：

第一就是，可以將人類的未來交給一小部分的研究者來決定嗎？為了滿足好奇心而打開潘朵拉的盒子，可是很傷腦筋的事。倘若哪一天真的製造出原子彈、殺人光線、細菌武器，人類就莫名其妙被滅亡也說不定。人類的未來不能只依靠研究者個人的倫理，應該要從更高的角度來加以規範。

第二個問題是公害與地球暖化等環境問題。一些曾經被認為是好的研究，陸續衍生出重大的問題，例如氟氯碳化物，合成之初曾被認為是劃時代的發明，因而受到眾人的喝采，現在卻成為地球暖化的元兇。生活中所不可或缺的半導體，在製造過程中更是產生了許多的公害。得與失之

間，科學家需要更冷靜的判斷。

第三則是物理學的研究對象已經逐漸偏離我們的日常生活。花費時間與金錢所從事的超大型計畫，像是基本粒子與核融合的實驗、超低溫實驗、宇宙開發等，和我們的日常生活幾乎毫無相關。很多人不禁要問：「科學進步到底有什麼貢獻？」我想，科學家們都需要重新冷靜思考夢想與現實之間的平衡。

研究者都負有解釋這些問題的責任。研究者對於自己的研究，不能只挑好的說，負面的部分也有正確說明的必要。一般人則要有看清真相的眼力。量子力學是人類到手的一項工具，如何好好利用，全靠人類的睿智。

量子力學的世界

下次
再會囉！

索引

國家圖書館出版品預行編目資料

圖解量子力學 / 椎木一夫著；朱麗眞譯. -- 3版.
-- 臺北市：商周，城邦文化出版：家庭傳媒城邦
分公司發行, 民109.12
　面； 公分

ISBN 978-986-477-943-7(平裝)
1.量子力學

331.3　　　　　　　　　　109016214

圖解量子力學

原著書名 / シュレ猫と探索する量子力学の世界
作　　者 / 椎木一夫
譯　　者 / 朱麗眞
責任編輯 / 陳筱宛、謝函芳、劉俊甫

版　　權 / 黃淑敏、劉鎔慈
行銷業務 / 周佑潔、周丹蘋、黃崇華
總 編 輯 / 楊如玉
總 經 理 / 彭之琬
事業群總經理 / 黃淑貞
發 行 人 / 何飛鵬
法律顧問 / 元禾法律事務所　王子文律師
出　　版 / 商周出版
　　　　　台北市 115 南港區昆陽街 16 號 4 樓
　　　　　電話：(02) 2500-7008　傳眞：(02) 2500-7759
　　　　　Blog: http://bwp25007008.pixnet.net/blog
　　　　　E-mail：bwp.service@cite.com.tw
發　　行 / 英屬蓋曼群島商家庭傳媒股份有限公司城邦分公司
　　　　　台北市 115 南港區昆陽街 16 號 8 樓
　　　　　書虫客服專線：(02)2500-7718；2500-7719
　　　　　24小時傳眞專線：(02)2500-1990；2500-1991
　　　　　服務時間：週一至週五上午09:30-12:00；下午13:30-17:00
　　　　　劃撥帳號：19863813　戶名：書虫股份有限公司
　　　　　E-mail：service@readingclub.com.tw
　　　　　歡迎光臨城邦讀書花園　網址：www.cite.com.tw
香港發行所 / 城邦（香港）出版集團有限公司
　　　　　香港灣仔駱克道193號東超商業中心1樓
　　　　　電話：(852) 25086231　傳眞：(852) 25789337
　　　　　E-mail：hkcite@biznetvigator.com
馬新發行所 / 城邦（馬新）出版集團　Cité (M) Sdn. Bhd.
　　　　　41, Jalan Radin Anum,Bander Baru Sri Petaling,
　　　　　57000 Kuala Lumpur, Malaysia.
　　　　　emial:cite@cite.com.my
　　　　　電話：603-90578822　傳眞：603-90576622

封面設計 / FE設計葉馥儀
排　　版 / 極翔企業有限公司
印　　刷 / 高典印刷有限公司
總 經 銷 / 聯合發行股份有限公司
　　　　　電話：(02) 2917-8022　傳眞：(02) 2911-0053
　　　　　地址：新北市231新店區寶橋路235巷6弄6號2樓

■2020年（民109）12月3日三版初刷　　　　Printed in Taiwan
■2024年（民113）8月1日三版3.5刷

定價 / 250元

城邦讀書花園
www.cite.com.tw

SHURE NEKO TO TANSAKU SURU RYOUSHIRIKIGAKU NO SEKAI
© KAZUO SHIIKI 2003
Originally published in Japan in 2003 by NIPPON JITSUGYO PUBLISHING CO., LTD.
Chinese translation rights arranged through TOHAN CORPORATION, TOKYO.
Complex Chinese translation copyright © 2005 by Business Weekly Publications,
a division of Cité Publishing Ltd.
All rights reserved